让孩子着迷的奇妙生物

[日]金子康子　日比野拓　著
[日]千叶万希子　译

中国纺织出版社有限公司

原文书名：ぼくらは「生物学」のおかげで生きている
原作者名：金子康子 日比野拓
BOKURAWA "SEIBUTSUGAKU" NO OKAGEDE IKITEIRU
by Yasuko Kaneko, Taku Hibino

Original Japanese edition published by JITSUMUKYOIKU-SHUPPAN Co.,Ltd.

This Simplified Chinese edition published by arrangement with JITSUMUKYOIKU-SHUPPAN Co.,Ltd., Tokyo, through HonnoKizuna, Inc., Tokyo, and Shinwon Agency Co. Beijing Representative Office, Beijing
著作权合同登记号：图字：01-2022-0111

图书在版编目（CIP）数据

让孩子着迷的奇妙生物 /（日）金子康子，（日）日比野拓著；（日）千叶万希子译. --北京：中国纺织出版社有限公司，2022.3
ISBN 978-7-5180-9001-3

Ⅰ. ①让… Ⅱ. ①金… ②日… ③千… Ⅲ. ①生物—青少年读物 Ⅳ. ①Q-49

中国版本图书馆CIP数据核字（2021）第208176号

责任编辑：邢雅鑫　　责任校对：高　涵　　责任印制：储志伟

中国纺织出版社有限公司出版发行
地址：北京市朝阳区百子湾东里A407号楼　邮政编码：100124
销售电话：010—67004422　传真：010—87155801
http://www.c-textilep.com
中国纺织出版社天猫旗舰店
官方微博 http://weibo.com/2119887771
天津千鹤文化传播有限公司印刷　各地新华书店经销
2022年3月第1版第1次印刷
开本：880×1230　1/32　印张：7.5
字数：100千字　定价：39.80元

序言

距今大约37亿年前，地球上诞生了生命，生命又经过漫长的演变，地球上出现了“人”。人与地球上的各种生物产生关联，从它们身上得到了诸多好处。可以说，我们正是“多亏了这些生物的存在”，才能够在这个世界上生存。

在本书中，我们希望以一种简单易懂的方式解释清楚：各种生物在漫长的历史中都获得了哪些巧妙的生理结构，以及那些结构又是怎样对我们人类的生活产生了帮助。读者若能通过这本书感受到生物的深奥、复杂及有趣，并能了解到多样的生物是如何对我们的生活产生深远影响的，我将喜不自胜。

人类，为了理解自己身边的生命（生物），同时，又为了理解自身并以此过上更好的生活，持续不懈地对生物进行着各种研究。17世纪，人们首次使用显微镜发现了细胞并开始对微生物进行观察；18世纪，林奈为各种生物标注了学名，将物种进行了体系化；19世纪，查尔斯·达尔文发表了进化论；20世纪中叶，人们发现了DNA的双螺旋结构。这个时期，电子显微镜也进入实用化阶段，人们开始对各种细胞的内部结构进行更为详细的观察。随后，自20世纪后半期至21世纪，生物学实现了瞬息万变的发展。

即便如此，我们仍然可以深切地认识到，关于生物的许多地方，都还是未知的。实际上，已被标注了学名的生物，只占地球上所有生物的1%或10%。这个世界上还有许多人类未曾见过的生物，以及未知的繁杂生命现象。未来的10年、20年间，人类会有哪些新的发现，只要想到这里，我就非常期待。

在本书中，与动物学相关的部分，由琦玉大学教育学院准教授日比野拓执笔，与植物学相关的部分，则由我——金子康子负责。

我个人主要使用电子显微镜进行植物研究。生物电子显微镜的领域，还属于发展阶段，新的技术在不断研发。在本书中，也有几张使用最先进的电子显微镜拍摄的图片。希望读者通过最新开发的显微镜技术感受一下前沿微观世界的震撼。［书中出现的扫描电子显微镜（SEM）的图片，大多使用了TECHNEX工作室的Tiny-SEM进行拍摄。］

在本书中，也使用了许多与其他研究者共同研究时拍摄的图片，尤其使用了我在电子显微镜和植物研究方面的恩师——松岛久老师拍摄的图片。此外，还包括我个人研究室里的学生们拍摄的图片，以及学生们做实验时一起拍摄的图片。

一起愉快地使用电子显微镜进行了各种观察的埼玉大学教育学院理科专业的学生们，帮我拍摄了学生实验的显微镜图片的研究生鯵坂瑞晖，帮我进行了图片处理的厚泽季美江，正是由于你们的帮助，我才集齐了这些有意义的图片。此外，读完本书草稿后进行了点评的我的女儿们、总是对我进行着鼓励的TAMO，以及一直在等待本书出版的、我的88岁的母亲，谢谢你们！

最后，向我提供了本书问世机会和方法的实务教育出版社的佐藤金平先生，以及编辑工作室SHIRAKUSA的畑中隆先生，也请接受我最诚挚的感谢！

金子康子

目录

第1章

为医学和健康做出贡献的“生物”们

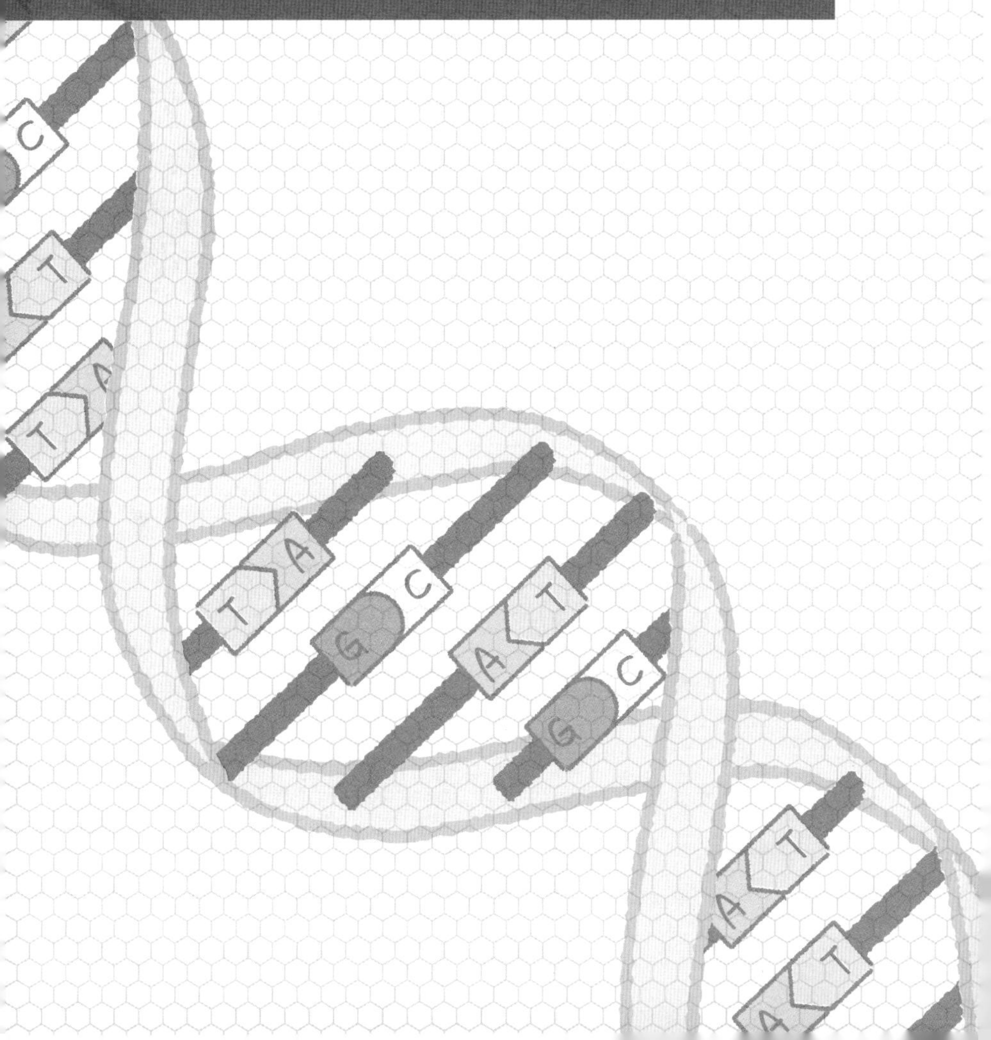

因在水母体内发光而被作为标记物的“GFP”

绿色荧光蛋白
（Green fluorescent protein：GFP）

GFP 指的是维多利亚多管发光水母体内的荧光蛋白，由 2008 年诺贝尔化学奖得主下村修博士发现。通过改变基因而使其发出红色或蓝色荧光的变异型 GFP 也正在开发之中。

荧光棒为什么会发光？

在人气团体的演唱会中，观众们常会拿着荧光棒跟着音乐节奏而左右挥舞。在较暗的室内或者夜晚的室外演出中，虽然舞台上看不到观众的样子，但释放着绿色、橙色、蓝色光的荧光棒就像深夜里闪烁的星星，组成了美妙的满星世界。

这些荧光棒为什么会发光呢？因为在荧光棒中分别装有草酸二苯酯和过氧化氢两种化学液体，使用时通过弯折荧光棒使两种液体混合，从而发出荧光。也就是说，经过两种物质混合产生的化学反应会促使某种波长的光源释放，根据不同光源的波长会产生橙色、蓝色等色彩各异的荧光色。

我们先不提化学，说说演唱会的舞台吧。你知道为什么观众会在观看演唱会时挥动荧光棒吗？我想有一部分原因是“为了活跃演唱会的气氛”，不过对于狂热的粉丝来说，告诉自己心爱的偶像“我在这里啊”才是最重要的目的。因为在台下有数万人的、灯光幽暗的演唱会中，为了能够让自己更加显眼，发出荧光色是非常明智的选择。

最近还有一些粉丝团体跟随节拍挥舞荧光棒，跳一种被称为“WOTA艺（偶像迷们的应援方式）”的独特舞蹈。我想这些“荧光团体”独特的舞姿，一定会被偶像们“看到”吧。但需要注意，如果应援动作过激，会被保安人员带走的。

发光的主角“水母发光蛋白”与配角GFP的发现

绿色荧光蛋白（GFP= Green Fluorescent Protein），

是能够发出荧光的蛋白质。在2008年，发现GFP并进行研发的日本下村修博士与美国研究者共同获得了诺贝尔化学奖。获奖名单公布后，我想许多人都在新闻或者报纸上看到了这位下村博士，也记得他手中握着黄绿色的荧光GFP试管吧。

下村博士发现GFP后，2名美国研究者尝试将该物质应用到生物学、医学等领域中。现在，GFP作为能够将微观的物质可视化的工具，成为人们研究生命科学时不可或缺的一种东西。

下村博士在研究时，一直有一个疑问："水母为什么会发出黄绿色的光呢？"为了寻找答案，他常年在美国进行相关研究。他并非从生态学角度的"是不是为了引诱小鱼而发光"对这个疑问进行剖析，而是从"水母体内的哪种物质在发光呢"这样的生物化学角度来寻找答案。

在多年的研究中，科学家采集了约85万只维多利亚多管发光水母，并切取水母发光的伞状前端，提取其中的发光物质。最终，成功地从发光物质中萃取了两种蛋白质。

萃取物质中，一种是水母发光蛋白，另一种物质就是绿色荧光蛋白（GFP）。研究发现，水母发光蛋白会因为钙离子的浓度发出蓝色的光，GFP再将蓝色的光变化成黄绿色的光。也就是说，GFP并不是主要的发光因素，只不过是稍微改变了水母素发出的蓝光的波长，由此改变了颜色。

●使维多利亚多管发光水母呈黄绿色的两种物质

水母发光蛋白

由于钙离子的浓度发光呈蓝色。

GFP

水母发光蛋白的蓝光遇 GFP 后变化呈黄绿色。

在此研究发现后，下村博士依旧将作为主角的水母发光蛋白作为主要的研究对象，而其他的研究者们则关注的是作为“配角”的GFP。从下村博士获得诺贝尔奖时的第一句评论“为什么不是水母发光蛋白，而是GFP”中，我们就能够看出，下村博士一直没有对GFP物质给予特别的关注。

GFP为什么会受到关注?

那么，为什么身为配角的GFP反倒受到那么多关注，并且成为生命科学领域里不可或缺的存在了呢?

对于生命科学的研究人员来说，从人或小白鼠体内大约30兆个（以前的说法是60兆个，现在普遍认为是30兆至40兆个）细胞里，找出自己想要了解的某些特定的细胞来观察其功能，或对其进行提取，是一件非常困难的事情。就像神经细胞十分纤细，而且存在于其他细胞的缝隙之中，早期的癌细胞和其周围的正常细胞是很难分辨的。

如果想要观察的细胞也可以像荧光棒一样向我们发送“我在这里哟”的信号，那该是多么令人高兴的事情啊。于是，就像是狂热的粉丝挥舞着荧光棒那样，GFP被用于使目标细胞更加显眼。

此外还有一个原因使GFP被广泛应用，那就是GFP还可以在活细胞或活体生物的体内发光。我们已经知道，想让荧光棒发光，需要将化学物质混合在一起。但荧光棒里面的两种化学物质都带有毒性，不能用在生物的体内。另外，使水母发光蛋白发光的钙离子，也跟生物体内的各项功能息息相关，不能轻易地进行人为操控。

蛋白质是构成生物体的一种成分，而GFP其本身就是一种蛋白质，也不需要额外的化学物质。而且，只需要从体外照射，就可以使其发出荧光。这样的发光原理，对于生物体来说是无害的，所以GFP非常适合应用于生命科学的研究中。

GFP从“观察工具”变为“特效药生产工具”

现在，使用经GFP荧光标记的癌细胞来进行的癌症研究也得到了发展。已经可以在活着的小白鼠体内观察到发着GFP荧光的癌细胞是何时、以何种方式进行扩散或转移的。通过这些研究，我们已经得到了许多新的发现。

普遍认为，除了“通过GFP来使人类体内的癌细胞发光”外，今后的研究还会转向“借助GFP小白鼠而得到的新发现，是如何帮助开发出癌症特效药以及对那些新药进行评估的”这一新的方向。人们期待着一种新的特效药，这种药可以在被GFP荧光标记的细胞里，首先找到那些行为过激的、会给其他细胞带来麻烦的细胞，然后将其重点消灭。

02 将“胎生”的人从病毒中拯救出来的“卵生”的鸡

胎生与卵生

像哺乳类动物那样，受精卵在雌性动物的子宫中发育成熟并被产出的过程叫作“胎生”。与此相对，像鱼类、两栖类、爬行类、鸟类那样，受精卵独立于母体发育成熟的过程叫作“卵生”。

无精卵与受精卵的区别

超市里卖的盒装鸡蛋，正常情况下都是被称为“无精卵”的鸡蛋。所谓无精卵，正如其字面意思，是“不含有精子的未受精的卵”。有些养鸡场里只养母鸡，母鸡们不停地生产着这样的无精卵鸡蛋。

“受精卵”则是含有精子的鸡蛋，即完成了受精，细胞会持续增殖的卵。

共同养殖母鸡和公鸡的自然派养鸡场里，生产受精过的鸡蛋。这种鸡蛋通常是对健康格外关注的人群专门订购的特别商品，所以价格也会很高，很少出现在超市的货架上。

无精卵为什么也会被生出来?

人类的精子和卵子会在妈妈的肚子里相遇，完成受精，然后胎儿开始发育，大约10个月以后，小宝宝会从妈妈的肚子里出来。但是鸡的卵明明没有跟精子相遇，为什么也会被生出来呢?

其实，不止鸡如此，人类也遵循着相同的规律。雌性生物会按照一定的性周期定期地进行“排卵”，这跟被排出来的卵随后是否会完成受精并无关系。但是，排卵是否能够定期地持续进行，跟被排出来的卵随后是否会完成受精是有关系的。人类的话，如果受精成功，接下来的排卵就会暂时停止。鸡的话，即使生下的是无精卵，只要鸡以为自己生出了受精卵，并且开始孵化，接下来的排卵也会暂时停止。所以养鸡场里的人都会马上拿走母鸡生下的蛋，从而保证它们可以按照自己的性周期正常排卵。

人类卵子的直径大约为130 μm（微米），周围包裹着一层被称为“透明带”的胶状物。精子可以穿过这层透明带钻入卵子中，随后与之结合。可能不少人都在电视上看过精子挺着脑袋往卵子里钻的画面。除了鸭嘴兽，哺乳动物都是胎生，受精卵会在母体内得到充分的保护，所以没有必要再有一层高级的外壳。

母鸡一天只下一枚蛋的原因

鱼类、两栖类、爬行类、鸟类均为卵生，它们会将包裹着外壳的蛋产在体外，尤其是爬行类和鸟类，会在陆地上产卵，为了在外敌（包括细菌与病毒）威胁和（干燥）环境中保护好自己的蛋，卵的外面必须包裹着硬硬的外壳。

那么，鸡蛋又是如何完成受精的呢？鸡蛋都由钙质的外壳包裹着，但是在受精的时候，那层外壳其实还没有长出来。鸡蛋会首先以只有“卵黄（鸡蛋里黄色的部分）”的状态从卵巢里排出来，然后精子碰上卵黄，引发受精。随后，“卵白（鸡蛋里白色的部分）”也会形成，最终再经过大约一天的时间，卵黄和卵白的外面会覆盖上钙质的外壳。观察一下青鳉鱼等鱼类的受精过程的话，可以看到，它们在受精完成后马上就会产卵，但是鸡的话，（受精卵的情况下）受精完成后还需要一天的时间才会形成外壳，随后卵才会被产出体外。因此，母鸡一天只下一枚蛋，是因为鸡蛋的形成需要大约一天的时间。

在疫苗生产中发挥了作用的受精卵

虽然鸡的受精卵很少有机会出现在我们的餐桌上，但是，它们也以别的方式为我们人类社会做出了重大贡献，其具体的舞台就是疫苗的生产。

所谓疫苗，就是比如新型流感要流行之前，我们去医院里进行预防接种时注射的那种东西。更加严谨地解释的话，就是将细菌或病毒的病原性进行弱化或无毒化之后，生产出来的一种东西。也就是说，在我们打的预防针里，是含有病毒或细菌（的一部分）的。

如果在新型流感正式流行之前，就将微量的非活性化病毒注入人体，那么人体内的白细胞就会记得，“这种流感病毒是人体的敌人”，从而使人体不容易生这种病。

而疫苗的生产过程，其实就是“使流感病毒进行增殖”的过程。要生产出足以供数千万人使用的疫苗，就需要有大量的流感病毒。这时能够发挥出作用的，就是鸡的受精卵了。

病毒无法仅凭自己的力量生存下去，它们必须侵入其他生物的体内，在细胞内进行增殖。病毒会利用细胞的分裂与增殖，来实现自身数量的增加。而鸡的受精卵里面，正是一个胚胎形成、细胞持续增殖的状态，所以可以说，鸡的受精卵里正是一个适合病毒增殖的极佳环境。

另外，在超市里卖的那种无精卵里，不会有胚胎形成，即使向里面注入病毒，它们也无法增殖；而在生产疫苗时，要向受精卵里面注入病毒，然后孵化3天左右，提取出包含有大量病毒的尿囊腔液，进行灭活等调整。

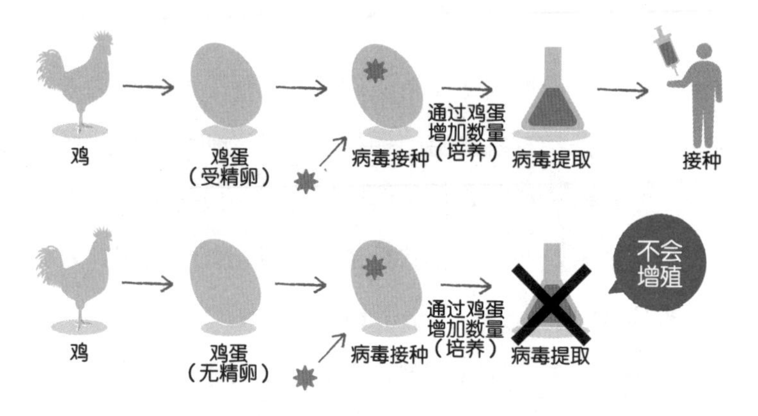

由此看来，鸡蛋是一种十分值得感恩的存在：无精卵可以供我们食用，恢复我们的体力；而受精卵也可以助我们免受病毒感染，保护我们的健康。

03 健康的秘诀就隐藏在“肠道菌群”里

肠道菌群

寄生在人或动物的肠道内，与寄主共同生存的多种细菌的集合。

肠道内生活着超过100兆的细菌

我们的皮肤上“定居”着许多细菌，但正常情况下，它们几乎不会对人体造成伤害。每平方厘米的皮肤上，生活着一千至一万个细菌。用香皂洗一洗的话，它们会暂时消失，但是不久，那些隐藏在毛根或汗腺处的细菌就又会出现在体表，皮肤又会回到原来的样子。

那么，人体内又生活着多少细菌呢？肠道内就生活着超过100兆的细菌（肠内细菌），数量十分惊人。组成人体的细胞总数也不过30兆至40兆而已，所以肠道内寄生的细菌数量是人体细胞的大约3倍。另外，同样是人体的内部，肌肉、骨骼或血管等部位，却几乎没有细菌寄生。

肠道以前是在体外的?

皮肤位于身体的外侧，所以即使上面生活着大量细菌，也不难理解。但是，虽然同样是位于体内，肌肉等部位却几乎没有细菌。那么，为什么肠道内寄生着如此多的细菌呢?

这是因为很久以前，肠道也和皮肤一样，是位于“身体的外侧”的。如果仔细阅读生物课本中讲的“海胆的发育”，我们就会明白其中的道理。海胆的卵子在受精以后，会反复地进行细胞分裂，最后变成囊胚。而这个囊胚，是由一层细胞像气球一样排列着组成的。也就是说，所有的细胞都是面向外侧的。随后，囊胚的部分细胞会向内侧弯曲，形成一个管子，这就是从口腔至肛门的消化管。人类的消化管的形成方式也跟这个一样，原本位于外侧的部分向内侧弯曲，最后形成了一个复杂的折叠式结构，这就是肠道。

●通过海胆胚胎的发育过程，可以看到人体肠道的原形

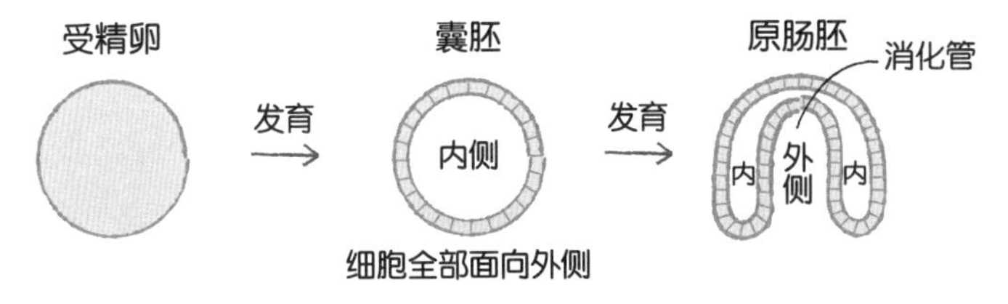

大家听说过“3秒规则”这样的玩笑吗？就是说，掉在地上的食物，如果能在3秒内捡起来的话，就还是干净的，是可以吃的。而作为一名生物学家，我想告诉大家：“其实即使是脏掉的，也还是可以吃的，因为肠道本来就属于你身体的外侧……”我希望大家通过这个知识，试着改变以往的认知。

如果将肠内细菌比作人类社会……

要解释肠内细菌是种什么样的东西，不如将它们简单地比作人类社会来试试看吧。请这样想象一下，肠道就是“小镇”，细菌就是“镇上的人们”。

这个小镇（肠道）不受外界影响，气候稳定且四季如春，环境好比南国。此外，每日三餐还固定由政府免费供应。供应品中，尤其受人们（细菌）喜爱的就是食物纤

维，能得到食物纤维的人们都会高兴万分。就像这样，这个小镇犹如一片乐园，许多人都定居于此，人口密度也随之变得很高，已经不是都市里的高层公寓可以比拟，而是拥挤得如同上下班高峰期了。

这时，又有新来的人（细菌）想要移居此地。他们看起来十分喜欢这里，也想要在此地定居，但是已经没有多余的土地。无可奈何之下，他们只能穿过这个小镇离去。这时，这些新来的人里可能混杂着一些很坏的家伙，他们带着病原性，而且想要强行挤走当地居民，自己住进来。但是这些坏家伙，最终都会被负责在镇子上巡逻的警官（**免疫细胞**）驱逐。

不过，如果像反政府势力那样，这些新来的人都一举涌进来的话，会发生什么情况呢？他们可以仗着人数优势挤走当地居民，并成功突破警察管制，将镇子的某个地方占为已有。如果出现这种情况，政府就会将整个镇子强制拆除。这如果发生在人体中，就是“腹泻”的表现。

就像这样，如果是少量的带有病原性的细菌，哪怕是不小心吃了下去，也不会造成感染，就是多亏了已经定居在那里的肠内细菌的帮助。

重要的是维持肠道菌群的平衡

肠内细菌能够消化掉人类无法消化的食物纤维，向人类提供能量。此外，它们还可以合成维生素B或维生素K，然后供应给人类。

人类通过嘴巴吃下的食物可以向肠内细菌提供营养，同时也从肠内细菌那里得到了回报，所以两者之间建立起了共得利益的关系（互利共生）。

近年通过研究证实，构成肠内细菌的细菌种类及比例对于人们的健康是十分重要的。这些细菌被称为“**肠道菌群**”。最近还出现了“肠道Flora”的说法，如果是对健康或美容十分关心的人，想必听说过这样的叫法。

人们已经知道，肠道菌群可以对人体的免疫系统产生影响，同时，如果肠道菌群的平衡被打破，免疫系统也会出现破绽，从而可能引起过敏、自身免疫病、癌症等疾病。此外，十分有趣的是，通过最近的研究，我们还知道了肠道菌群跟人体的肥胖也是有关系的。

如果分别从肥胖的人和偏瘦的人体中取出他们的肠内细菌，再分别移入两只无菌小白鼠的肠道中，我们可以看到，被移入肥胖的人的肠内细菌的小白鼠，也会变得肥胖。不过，鼠类都有食粪的习性。这使变得肥胖的小白鼠

●将肠内细菌进行调换以后，出现了意想不到的结果……

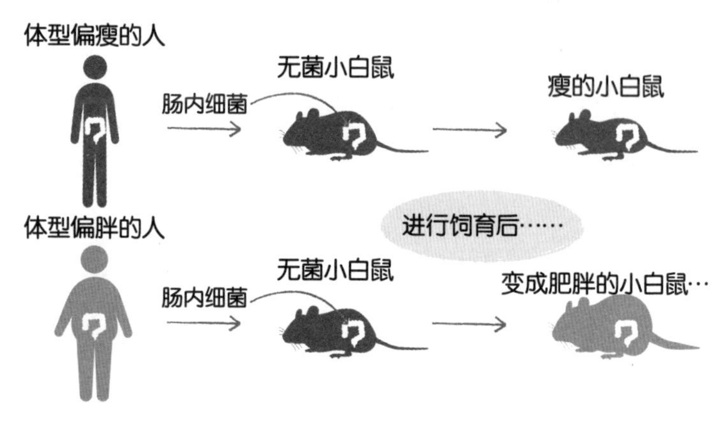

在吃了被移入较瘦的人的肠内细菌的小白鼠的粪便后，肥胖也随之消失了。

另外，瘦的小白鼠即使吃了胖的小白鼠的粪便，也不会变得肥胖。瘦的小白鼠的小镇（肠道）里的细菌，数量和种类都很丰富，达到了高峰期的那种程度。所以，即使胖的小白鼠的那些种类贫乏的肠内细菌也加入进来，镇上的生活也不会受到任何影响。也就是说，肠道菌群的平衡受到了破坏，会导致疾病或肥胖的发生。

我们每天吃饭时都会考虑着自己的健康而进行营养搭配，但今后除了自己的健康，我们也要考虑到肠内细菌的健康，因为跟它们一起互利共生才是最为重要的。

04 我们利用“癌”而生存

恶性肿瘤（癌）

在组成人体的细胞之中，存在着引导各个细胞按照一定的次数进行分裂、增殖，并最终走向死亡的生命历程。当这个过程失控，细胞就会无限制地进行增殖，这种状态下的细胞就是“恶性肿瘤”。

“癌”的原理

癌症已然是导致日本人死亡的重要原因之一了。光看年轻一代的话，“自杀”或“意外事故”等死亡原因占据着最上面的几位，但是40岁以上的人群里，几乎所有的年龄段，“癌症”都占据着死亡原因之首。

所谓癌，就是迄今一直在某个范围内规规矩矩地工作的我们自身的细胞，跳脱出那个范围开始擅自行动后的产物。而且，癌还会离开自己的岗位转移到其他组织或器官里，在那里也进行异常增殖并最终导致生物死亡。如果癌细胞开始异常增殖，那些功能正常的细胞就会被它们替换掉，功能会出现失常，周围的营养也会被它们夺去，于是，那些邻近的“老实的”细胞就会因得不到营养而死去。

年纪越大，人体的修复能力就越弱……

年纪越大，患上癌症的概率就越高，因为人体的细胞也相应地上了年纪。神经细胞或心肌细胞，诞生后会一直服务于我们的人体，时间几乎贯穿了我们的一生。而皮肤细胞或血细胞，则会重复地诞生和死亡。负责生产它们的最根本的细胞“**干细胞**”，也会在上了年纪以后逐渐死亡。年迈的细胞无力去修复那些微小的异常，于是就变异成了癌细胞。

癌症研究在世界各国都十分盛行。癌症是如何发生的？癌症又该如何治疗？关于这些问题，人们从基础到临床都进行了许多研究。相关研究成果也向社会做了不少贡献，例如，在发达国家里，乳腺癌等的患病率虽然在持续升高，但死亡率却在不断降低。

那么，癌症又为什么不能彻底消灭呢？许多的癌症研究都向我们表明，癌症的发生是一个极其复杂的过程。同时也让我们知道，癌症的发生原因包括了病毒感染、化学物质的影响、遗传方面的因素、生活习惯等。往往是这些不同的原因叠加在一起，导致了癌症的发生。

不过，即使到了今天，还有许多癌症的发生原理是未被我们了解的。反过来，也可以说是因为“正常细胞是如何发挥功能的”还没有被我们完全搞明白，所以“正常细胞为何会出现问题”我们也不得而知。癌细胞与正常细胞是互为表里的关系，因此那些旨在探寻细胞的一般性功能的基础研究，也会对攻克癌症有所帮助。

被培养出来的细胞可以充当“活体实验的替身”

有一种细胞，将“使癌细胞无限增殖”这个性质进行逆向利用，对人类社会起到了积极作用，那就是“**体外培养细胞**”。所谓“体外培养细胞”，就是指将某个组织或器官的一部分细胞从人体中取出来，然后在塑料培养皿上进行培养的细胞。体外培养细胞如果进行了增殖，那么就可以利用这些增殖出来的细胞去进行各种各样的实验。例如，开发某种特效药的时候，必须就“药品的效果”和“副作用的有无”等进行各种各样的评估。

一开始就将新药投入人体，可能会发生危险，所以通常使用体外培养的细胞进行新药的评估。此外，这种细胞可以从外部导入遗传基因，所以还可以人为地取出某个遗传基因或导入某个其他的遗传基因，以此来搞清人体遗传基因的某项功能。就像这样，体外培养细胞可以充当活体实验的替身。

奇迹般的“海拉细胞”

从19世纪后半叶至20世纪，人们进行了各种尝试，希望能从动物身上取出活的细胞进行培养。而从人的身上取出活的细胞进行培养，也由众多的研究人员使用各种细胞组织进行了挑战。但是，这些细胞即使最初能够正常培养，随后也会因停止增殖、性质发生改变，而导致无法进行长期的培养。

1951年，美国约翰·霍普金斯大学的盖伊博士在尝试对大学附属医院里一名患者的癌细胞进行培养时，发现这些细胞不但能在培养皿上无限增殖，而且其增殖速度还比当时的所有细胞都更加快。

于是，他取了这位名为“海瑞塔·拉克斯（Henrietta Lacks）”的患者名字的首字母，将这种细胞株命名为“海拉细胞（HeLa）”，并且无偿地提供给了他认识的其他研究人员。随后，这种细胞马上被用在了全世界的研究室里，还出现了专门制作这种细胞的公司，而且赚了个盆满钵满。

例如，小儿麻痹症是一种可怕的传染病，多发于儿童，此病有可能使患者一生都手足瘫痪，但是随着疫苗的普及，现在在发达国家里，这种疾病已经完全被消灭了。

●为扑灭癌症做出贡献的海拉细胞

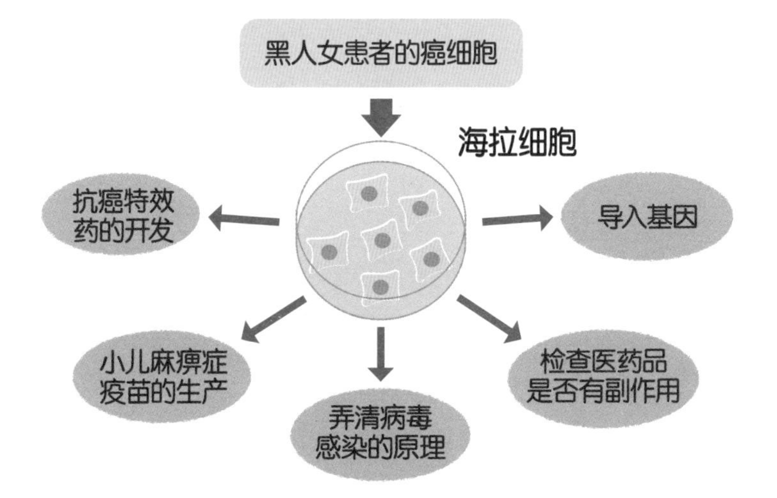

这种用来预防小儿麻痹症的疫苗，之所以能够被开发出来，就是多亏了海拉细胞的存在。小儿麻痹症的病毒可以快速地感染海拉细胞，所以通过使海拉细胞大量增殖，就可以制作出小儿麻痹症的疫苗，同时，通过海拉细胞，也可以检验疫苗的效果和副作用的有无。

05 诞生于“重复序列”的DNA鉴定

重复序列

多次重复出现的DNA序列。一个单位由2~5个碱基组成的被称为“微卫星”，由15~60个碱基组成的被称为“小卫星”，由数百个碱基组成的被称为“卫星”。

容易突然发生变异的“重复序列”

DNA里刻着我们身体的设计图。生物体内的一整套DNA被称为“**基因组DNA**”，人体的基因组DNA由30亿个碱基对组成。也就是说，A、T、G、C这四种碱基，两个一对，共有30亿对。不过，在这些基因组DNA里，作为遗传基因发挥功能并被转译为蛋白质的范围，其实只占到整体的2%而已。

那么，其他部分的基因都在发挥着什么功能呢？其中的一部分有着一种序列，这种序列可以作为被转录为RNA的开关或负责翻译为蛋白质的开关，这些都分散在基因组里。实际上，基因组DNA的大部分，从比例上来说大约有5成，都被这种“**重复序列**”所占据着。

“重复序列”指的是碱基纵向重复排列的范围，其种类是多种多样的，例如，有ATATATA……这种2个碱基作为一个单位去进行重复的范围，也有数百个碱基作为一个单位去进行重复的范围。大部分这样的重复序列都不会被转译为蛋白质，所以它们也被认为是基因组里“无意义的序列”。

●DNA 与碱基对

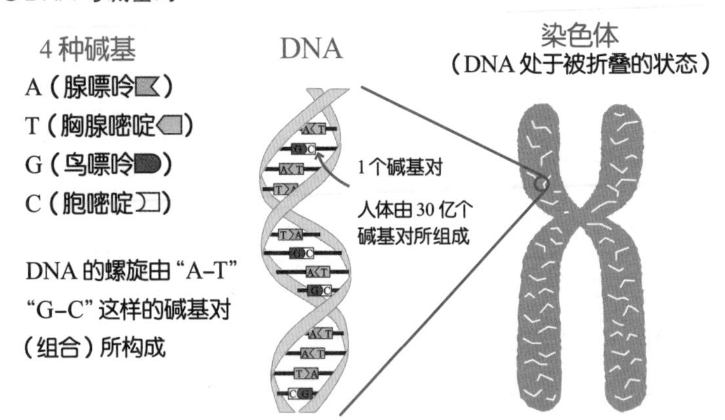

一般情况下，作为遗传基因发挥着作用的“有意义的序列”，很难突然发生变异，不会轻易地发生变化。然而，像重复序列那样的“无意义的序列”，则有着容易突然发生变异的倾向。突然的变异，可能导致如重复序列的碱基从A被置换为T，或者重复序列的重复次数由15次变为20次的情况出现。

DNA鉴定是如何被发明出来的?

对“生命设计图”DNA进行解析的研究，始于沃森和克里克两人的“双螺旋结构的发现”。通过对只占基因组DNA的2%的遗传因子的范围进行解析，那些旨在弄清遗传基因在生物体的构成中发挥了什么作用的研究也得到了相应发展。重复序列虽然在基因组里大量存在，但是当时的人们认为它们是“无意义的序列”，所以与其相关的研究也被认为是没有意义的。

1985年，英国的遗传学家亚历克·杰弗里斯（1950—　）发现，DNA的重复序列在重复的次数上是因人而异的。同时也发现基因组DNA可以分为来自父方和来自母方两部分，而且它们的重复次数也是各不相同的。也就是说，通过比较一对亲子的DNA重复次数，就可以追溯这个孩子是继承了父母某一方还是继承了父母双方的DNA。亲子鉴定也由此成为了可能。

通过鉴定DNA重复序列的重复次数，就可以对不同的人进行辨别的“DNA鉴定”被发明了出来。杰弗里斯将关注点放在与其他研究人员不同的地方，对乍一看好像没有意义的地方，也保持了“可能有用”的怀疑。正是他这种独到的眼光，促成了DNA鉴定的诞生。

使用DNA鉴定进行犯人搜寻

这项DNA鉴定技术于被发明的第二年（1986年）就在英国发生的一起连环强奸杀人案中得到了应用。当时办案人员在发生了杀人案的村庄采集了4500名男性的血液，先是通过血型将嫌疑人的范围缩小到500人，然后调查了这500人的DNA重复序列，将其与残留在现场的体液里的DNA进行了重复次数上的比对。

遗憾的是，这次的调查没有发现与现场的DNA重复次数一致的人。但是后来又发现了有人使用他人的血液接受了检查。对这个人又进行了一次DNA鉴定以后，确认了他的DNA跟残留在现场的体液里的DNA是一致的。

日本于1989年也将一种被称为“MCT118型”的日本独自开发的DNA鉴定技术进行了实用化。这是16个碱基的重复序列，少的人会出现14次重复，多的人会出现41次重复。也就是说，一共存在着28种可能，加上“来源于父系”和“来源于母系”的重复次数是不同的，所以有28×28=784种可能。偶然一致的概率只有0.001%。不过由于重复次数在出现的频率方面也存在着偏差，所以实际的误差概率还会再高一些。

●使用“MCT118 型”进行亲子鉴定

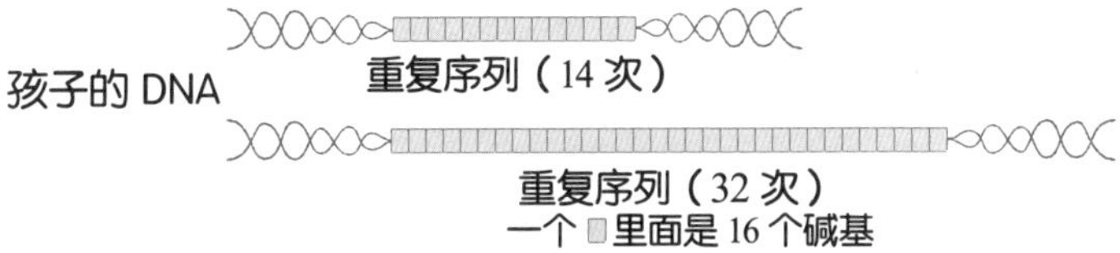

父亲 14 次和 38 次
母亲 25 次和 32 次

可以看出这个孩子到底是谁的吗?

（答案：这个孩子继承了父母双方的遗传基因，所以是这对父母共同的孩子。）

这种鉴定方法在刚刚面世的时候，被人们誉为“终极的科学鉴定”，并且被人们认为，只要重复次数出现了一致，该结果就足以成为绝对的证据。但是，这种认知存在着很大的问题。现在回顾一下当时的实验，可以看到随着实验手法或实验装置的不同，有时也会出现分不清到底是20次重复还是21次重复的情况。可是，当时包括检察人员在内的警方，却坚信这样的鉴定结果足以锁定真正的犯人。如果认为一致就会越看越觉得一致，当时的精度其实就只到这种程度。

DNA鉴定既可以导致冤案的发生又可以推翻冤案

在DNA鉴定被实用化后的第二年，日本发生了枥木县足利市女童被杀案。当时，一位姓“菅家”的给女童所在的幼儿园开大巴的司机，被认为是犯人遭到了逮捕，这就是常说的“足利案”。这起案件中，根据嫌疑人本人的口供和DNA鉴定的结果等证据，法院最终作出了“无期徒刑”的判决。当时的DNA鉴定，使用的就是“MCT118型”。

现在已经不再进行“MCT118型”的DNA鉴定，取而代之的是使用以2~5个碱基为一个单位的被称为“微卫星”的重复序列来进行DNA鉴定。通过对基因组DNA的15个位置的“微卫星”进行调查，可以将鉴定结果精确到大约10^{20}（1垓=1兆的1亿倍）分之一。实验器材的性能也得到了提升，即使是2个碱基的重复序列，也可以辨别出15次和16次的差异了。

2009年警方使用这种方法对足利案进行了重新鉴定，结果显示，菅家先生并非真正的犯人。于是他在入狱17年6个月以后，重新获得了自由。导致这起冤案发生的背后原因，正是“DNA鉴定”，但推翻了这起冤案的，也同样是“DNA鉴定”。这不能不说是一种讽刺。

不过不管怎么说，推动了DNA鉴定问世的亚历克·杰弗里斯，其眼光的独到之处，就在于他将关注点放在了当时谁都认为是“无用的、无意义的”，并且无视其存在的DNA的重复序列上。

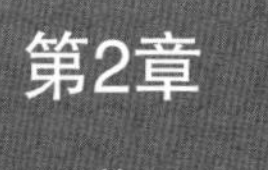

第2章

“细菌、植物、动物”的生存战略

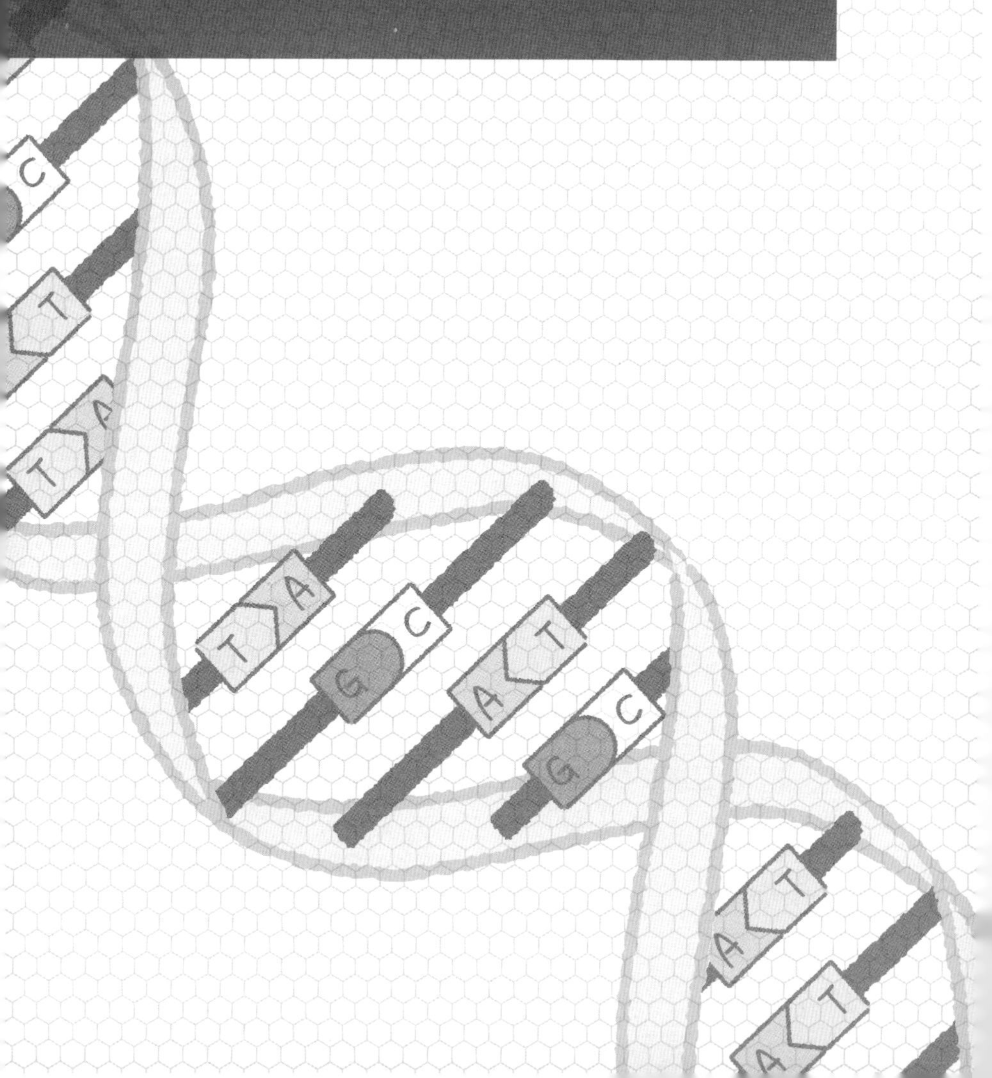

01 反面教师?! 保卫“眷群”的逻辑

眷群
（harem）

单个雄性独占性地与多个雌性进行交配的群体或社会，也可称为“一夫多妻”。

雄性与雌性体格上的差异

一般情况下，男女之间存在着身高差，这会因国别不同而不同吗？让我们来看看按国别分类的平均身高数据。平均身高最高的是荷兰人，男女间的身高差约为15厘米。平均身高最矮的是印度尼西亚人，男女间的身高差约为11厘米。就是说，放眼世界，男女间身高差的**相关度**（即**比例**），大体上是一定的。

将“人”作为名为“智人（homo sapiens）”的物种来

看的话，雄性的体格要比雌性的大，所以一眼望去马上就可以辨得清雌雄。这是显而易见的事实。不过，在南欧的葡萄牙人或西班牙人身上，也可以看到男女间身高差正在缩短的倾向，所以，以上的数据，似乎也存在着微妙的偏差。

接下来，让我们来比较一下“人”以外的哺乳类在雄雌方面的体格差。像人一样，一眼望去就可以看到雄性体格比雌性大的哺乳类，有狮子、大猩猩、海豹等为数众多的例子。尤其是南象海豹，雄雌间的差异十分显著，雄性的体重可达雌性的10倍之多。

为什么雄性的体格比雌性的大呢？其中一定隐藏着什么原因。

为了实现“保卫眷群”这一最高目标

狮子、大猩猩和海豹，都为一夫多妻社会，其中组建着单个雄性拥有多个雌性的“眷群”。有狮子那样，组建持续性眷群生活着的动物，也有海豹那样，只在繁殖期内，由单个雄性和多个雌性聚在一起组建临时性眷群的动物。对于组建了眷群的雄性来说，最为重要的就是保卫自己的眷群不被同种类的其他雄性所侵犯。而对于没有自己眷群的雄性来说，如果能将其他雄性的眷群占为己有，不仅可以获得一片拥有丰富猎物的地盘，还可以将众多雌性收入囊中，并以此繁衍出更多的后代。

围绕着眷群，动物们会展开激烈的战斗，有时甚至会导致其中一方的死亡。因此，对于雄性来说，如果自己的体格可以更大一些、用以攻击对方的下颚或爪子更发达一些，自己保卫己方眷群或夺取他方眷群时，优势就会更大一些。就像这样，因为雄性间存在着激烈的竞争，所以雄雌间在特征上才会出现如此大的差异。

大猩猩组建着一夫多妻式的眷群，但纵览灵长类的全貌，也可以看到其中有着多种多样的社会形态。长臂猿为一夫一妻社会，而黑猩猩则为由多个雄性和多个雌性组成的多夫多妻社会。狨猴虽也是多个雄性和多个雌性混居在一起的社会，但其中的雌性只有一只会发情，所以可以说其实是多夫一妻式社会。

●一夫多妻、多夫多妻……猿猴们的社会形态也各不相同

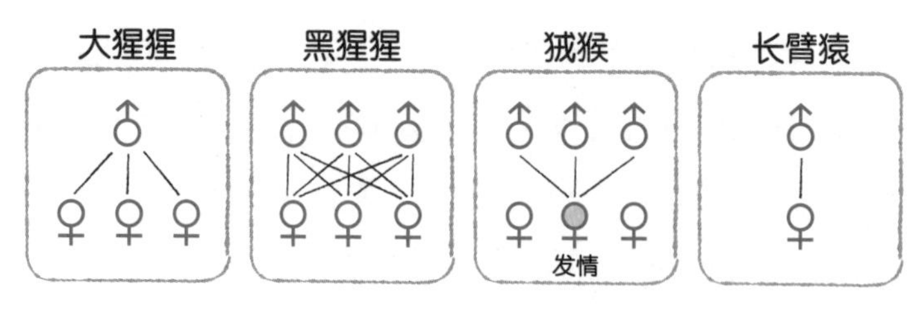

那么再回到人类社会的话，可以看到其中包含着一夫一妻、一夫多妻等多种形态。在灵长类中，“人”恐怕处在正中间的位置，所以或许正因为如此，男性和女性的体格差异既没有太大也没有太小，而是维持在一个适度的水平。

卷群有时会引发弑子

在组建眷群的动物中，另一个值得关注的特征是：雄性的**弑子**。所谓弑子，指的是杀死与自己同种类的幼小个体。这可以划分为“母弑子”和“父弑子”两种类型。母弑子的话，多是因为生育环境恶化导致无法养育幼子，或某种应激反应导致无法养育幼子。

而父弑子的话，即“雄性的弑子”，也被称为“猴子的弑子行为”或“狮子的弑子行为”，则与组建眷群或夺取配偶有关。一般情况下，哺乳类动物养育幼子会花费一定的时间，而在育子期间，雌性不会发情。于是，夺取了他人配偶的雄性，会为了促使雌性发情而杀死其带来的幼子。这是因为，这个配偶说不定也会被其他雄性夺走，对于雄性来说，没有时间去悠闲地等待雌性育子期结束。

因为雌性带来的孩子不是自己亲生的，所以通过弑子而使雌性生出新的孩子，这在结果上，可以留下自己的基因。据说，在野生动物的世界里，为了留下自己的基因而互相残杀的行为，是会频繁发生的。因此，面对野生世界，我们不仅要带着人类的价值观，还要带着更为广阔的视点去观察。

02 若想子孙繁荣，就向“矮雄”学习

矮雄

体格比雌性小很多的雄性。身体结构极端退化的情况也很多。

如果雄性的大体格并不能带来好处的话……

之前已经向大家讲解过，雄性的体格比雌性大的动物多为一夫多妻制，雄性之间为了争夺地盘而导致体格越来越大，从而造成了雄雌间体格的差异。

但是，雌性反而比雄性体格更大的动物也是有的。这又是怎么一回事呢？而且，又是什么样的原因导致雄雌间出现了这样的差异呢？

雌性体格更大的情况，经常在体型较小的动物中见到，较之哺乳类，更容易在鱼类、两栖类，或者无脊椎动物中见到。除了这个特征外，较之那些小心养育自己为数不多的几个后代的动物，这种情况也更容易在那些一次产出大量的卵，采取了“全面繁殖重点培养”战略来增加子孙数量的动物中见到。

例如，在螳螂或蜘蛛等昆虫中，经常可以看到雌性的体格比雄性大的情况。螳螂或蜘蛛，都会将大量的卵产在卵囊中，然后从中孕育出大量的后代。日本有句谚语用“撕破了装着小蜘蛛的袋子”来形容人们四下逃散的状态，也正是由“蜘蛛有着大量后代”这一自然现象而来。如果生了大量的后代，后代能活下去的概率也会增加，所以雌性都想比其他的雌性产出更多的卵。

雌性的螳螂或蜘蛛，除了体格大，性格也很残暴。雄性在交配时，如果不趁着雌性不注意时偷偷从后面向其靠近，就会被雌性咬死。对于雌性而言，雄性的强大应该并没有什么价值。较之雄性是否强大，自己能产出多少卵、能留下多少子孙后代更为重要。因此，大体格对于雌性来说就成为了必要的优势。综上所述，雌性间存在的关于子孙繁荣的竞争，导致了雌性体格的大型化。

雄性长杆角鮟鱇（Ceratias holboelli）的战略

在不在乎自己体格大小或强壮度，只要有生殖能力就可以的动物中，可以观察到有些雄性的体格要比雌性小非常多，它们被称为“**矮雄**”，在鱼类、节肢动物、软体动物等中较为常见。如鮟鱇鱼里，一般雄性的尺寸都很小，作为食材出现在市场上的只有雌性的鮟鱇鱼。

在鮟鱇鱼里，生活于深海的长杆角鮟鱇（疏刺角鮟鱇的一种），雌性体格庞大，身长可达2米，而雄性却只有15厘米长。鮟鱇鱼都不太擅长游泳，而且在深海里也难碰到自己的同类。

因此，雄性的长杆角鮟鱇只要碰到同类的雌性一次，就会紧紧咬住对方的皮肤，以防走散。在紧咬对方和紧贴对方的过程中，渐渐地，雄性口部的皮肤会和雌性的皮肤融合在一起，随后，雄性自身的眼睛和心脏也会消失，最终，血管也会跟雌性的连在一起，并开始通过雌性的血管来从雌性那里获得营养。

但雄性的肉体并不会全部消失，它们最终会勉强维持住自己的精巢，作为只有精巢和阴囊的一个“器官”发挥作用。如果你在雌性长杆角鮟鱇上看到一个小疙瘩的话，

●雄性长杆角鮟鱇会寄生在雌性身上并最终消失?

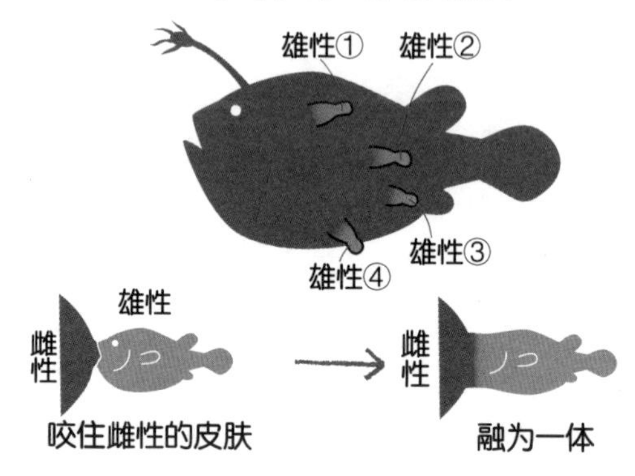

就是与雌性融为一体的雄性。有时，还可以在一条雌性身上看到好几个这样的小疙瘩（雄性）。或许也说不定，雌性的长杆角鮟鱇完全没有注意到自己身上贴着这样的雄性。

只负责制造精子的极致的雄性

同样的雄性出现退化的例子，在节肢动物藤壶那里也可以看到。藤壶与虾和螃蟹同属于甲壳类，但却会寄生在虾或螃蟹上生活。

一般情况下，螃蟹腹部都有一个被称为“兜裆布”[1]

[1] 兜裆布，日本传统男性内裤，如相扑选手在比赛时身上穿的。——译者注

（或“裤裙”）的可以打开的部分。雌性螃蟹的“兜裆布”会更大一些，因为它们会在这里面养育小宝宝。而雌性的藤壶，则会寄生在螃蟹的“兜裆布”上。然后，它们会向寄生的螃蟹体内伸入植物根部一样的枝状器官，以此来吸收营养。此外，它们还会将自己的卵巢产在螃蟹的“兜裆布”里，让螃蟹来加以保护。

●根头目甲壳动物藤壶会寄生在虾或螃蟹身上?

从外部对螃蟹进行观察的话，那些像是要从“兜裆布”里溢出来的东西，其实是藤壶的卵巢，而藤壶自己则会盘踞在螃蟹的体内。但话虽如此，螃蟹体内的藤壶其实十分微小，因为雌性藤壶的身体几乎都是卵巢。以前，日本某位厚生劳动大臣曾说过“女性是生孩子的机器”这样的话，掀起了轩然大波。但如果是藤壶的话，说它们的雌性“都是生孩子的机器”，应该也不算有错。

其实，藤壶的卵巢里还潜伏着雄性的藤壶，但它们只有用显微镜才能勉强看到。雄性藤壶的身体已经几乎全部退化，身体机能消失，除了制造精子的精巢外，什么也没有。雄性长杆角鮟鱇，还留有一点自己的皮肤、血管和肌肉，但雄性藤壶的话，已经只剩下精巢了。打个比方的话，就是像一块齿轮。这，可以称为“矮雄”中的极致形态了吧。

跟人类社会中的“软饭男”不同，这些雄性动物虽然看起来十分弱小又毫无威严，但它们为了实现子孙繁荣而殊死拼搏的样子，实在是太伟大了。

03 通过“共同进化”而实现繁荣的菊科植物

共同进化

昆虫依赖于植物，植物也依赖于昆虫，两者共同进化，实现了繁荣。可以说，它们彼此之间，是不可或缺的关系。

所谓菊花，就是许多花的“结合体”

你知道现在地球上最繁荣的开花植物都有哪些吗？答案是菊科植物。例如，广为人知的有，菊科植物里蒲公英的黄色花朵，其实并不是单个的花朵，而是由许多花朵聚集在一起的**花序**。每朵小花上面都有雄蕊和雌蕊，受粉后，每朵花里都会长出种子，种子又随着绒毛飘向远处。菊科植物里，除了菊花和蒲公英，还有紫菀花、鼠曲草、百日草（百日菊）、向日葵、大波斯菊、雏菊……这些人们熟悉的花还有很多。每种花上，都有由许多小花聚集而成的**头状花序**。这些小花，会从外侧开始依次开放。

一起来看一下百日草的头状花序。图片上的这朵百日草也是“许多小花的集合”，相信很多读者会对此感到吃惊。这朵百日草的头状花序，其实是由两种花混合而成的。

●百日草的花序

由许多小花聚集而成的菊科植物的头状花序。外侧排列着舌状花，内侧排列着筒状花。由外侧开始依次开花，结构上保证了受粉的成功。

位于外侧，看上去只是一片花瓣的，其实是舌状花，由多片花瓣合并在一起而成。上面还有柱头分为两根的雌蕊。位于内侧，五角星形状的，是筒状花，花瓣为筒状，

●百日草的舌状花

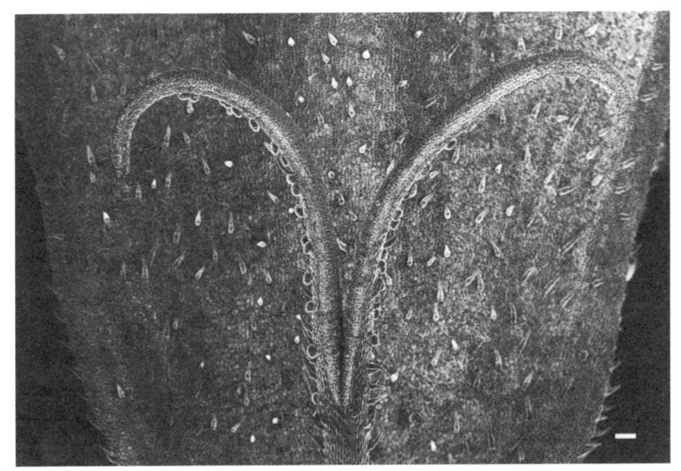

（白色的比例尺为 0.1mm）

花瓣与雌蕊分为两根的柱头。

前端分为5瓣，是由5瓣花瓣组成的合瓣花。可以观察到上面的雌蕊，以及围绕在雌蕊花柱周围的雄蕊。

每朵花授粉后都会在花的底部产生扁平的种子，一个头状花序可以产生很多种子。

●百日草的头状花序

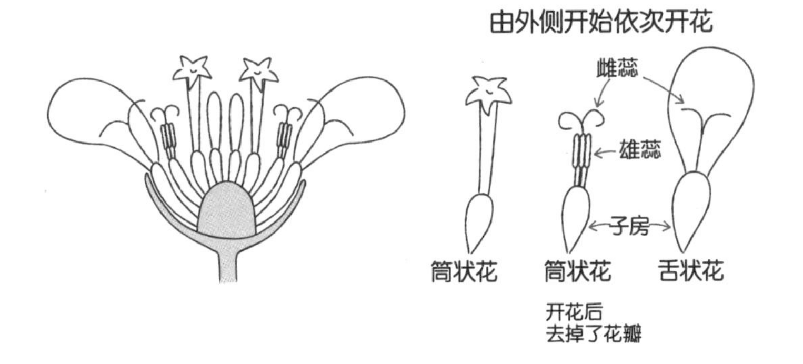

在受粉成功率方面拥有超高平均值的菊科植物

如对菊科植物的头状花序进行观察，经常可以看到蠕动其间的小虫子。其实，这里就隐藏着菊科植物的花朵之所以繁荣的理由。菊科植物的花朵其实是开花及成熟的时期各不相同的许多小花的集合，可以说全靠着来访的昆虫而实现了极高的受粉成功率。花粉的设计也费尽了心机。百日草的花粉上有许多刺状突起，因此会更容易粘在昆虫身上。

●百日草的受粉

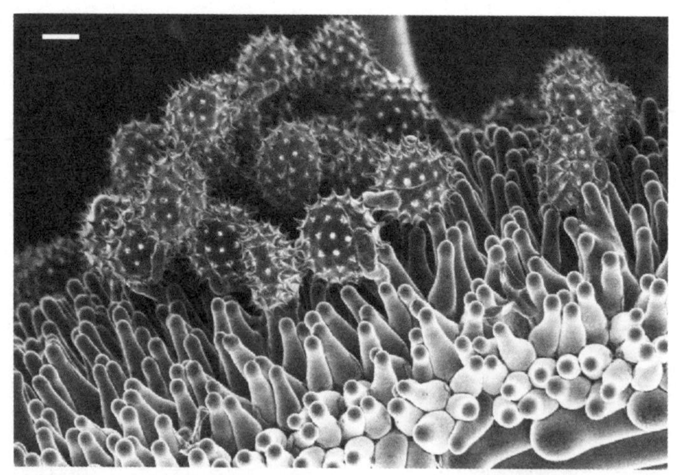

（比例尺为0.01mm）

许多花粉附着在雌蕊的柱头上。从花粉处会伸出花粉管。有些花粉管还会伸向柱头上的乳头细胞。

●蒲公英的花瓣

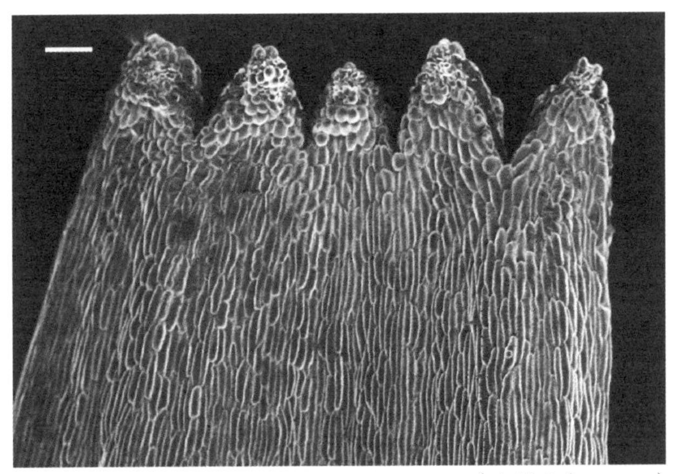

（比例尺为 0.1mm）

蒲公英的头状花序仅由舌状花组成。花瓣的前端分为 5 瓣，可以看到 5 个花瓣是相合在一起的。

菊科植物中，还有豚草那样的风媒花。它们与虫媒花不同，身上看不到吸引昆虫的设计。但是，它们会散播大量的花粉，是引起花粉过敏的主要原因。

颜色不断变化的花：马缨丹

马缨丹是庭前路边随处可见的一种植物，日本俗称“七变化”。马缨丹也是由许多小花聚集而成的花序，但开花后，花的颜色会发生很多变化，因此有了这样的一个俗称。它们的繁殖力很强，据说在澳大利亚和东南亚一带，因野生马缨丹的大量繁殖而引发了一些生态问题。

该花由花序外侧开始开花，开花后，刚开始为黄色，随后会接连变成粉色、红色或橙色等。很多情况下，一个花序，当外侧的花为粉色或红色时，刚开的内侧的花还是黄色，使整朵花看起来五彩缤纷的。

花瓣内侧附着有雄蕊。切开花瓣进行观察的话，可以看到，刚开的黄花上，雄蕊的花药中挤满了花粉，而已经开了一段时间的红花或粉花上，花药则变为茶色，里面已经几乎没有花粉。据说，昆虫更喜欢刚开的黄花。从这一方面也可以窥探到花与昆虫之间的互惠共生。

昆虫与植物间割舍不断的关系

数亿年前登上了陆地的植物，由藓类植物进化为蕨类植物，又由裸子植物进化为被子植物。现在，大部分的陆地都被绿色的植物覆盖着，其中尤以会开花的被子植物最为繁荣。但是，植物并不是仅凭着自己的力量完成进化的。昆虫与植物的联系紧密，它们将植物作为自己的营养源、休息地，以及产卵地等，一直对植物进行利用。很多情况下，昆虫总是会喜欢某种特定的植物，所以，采集昆虫时，先去找那种昆虫喜欢的植物，这种经历想必很多人都有。埼玉大学内，我隔壁研究室的林正美老师是一位研究叶蝉（蝉的同类）的世界级分类学家，但他对昆虫所栖息的植物也十分了解，关于植物的生态、分布、形态等，他的知识之渊博，令人惊讶。

对于通过昆虫才能完成受粉的虫媒花而言，昆虫是不可或缺的存在。当然，为了吸引昆虫，并让它们帮忙搬运花粉，这些植物也费尽了心机。像这样，昆虫与植物相互依存一起进化的现象，就被称为“**共同进化**”了。

将昆虫诱导至蜜腺的“甜蜜向导”

引人注目的花瓣、蜜腺以及香味，这些都是虫媒花的特征。而蜜蜂从花朵中采集花蜜，并由此在蜂巢中加工出的蜂蜜，自古就在被人们利用着。此外，玫瑰、茉莉、丹桂等花朵散发出的芳香，也丰富了我们的生活。那些五颜六色的花瓣，原本是为了吸引昆虫而进化来的，但同时也给了人类以美感，所以人们也对这些植物进行栽培，将其应用于了自己的生活之中。

据说，昆虫能看到的颜色，跟人类能看到颜色，其实是稍有不同的。昆虫可以看到紫外线，所以用特殊的胶片进行拍摄的话，可以观察到昆虫被紫外线诱导着进入花朵中心部的样子。诱导的目的地是蜜腺，所以这种紫外线被称为“甜蜜向导”。

在栽培着苹果或草莓的果园里，人们为了提高受粉和结果的成功率，会将蜜蜂引进果园。据说，这比人工授粉的效率还要高。

04 诞生于领地行为的特效药

领地

某些动物或其群体会在特定范围内驱逐其他动物的个体及群体。这种驱逐行为被称为领地行为。

动物界中各种各样的领地行为

将一个地方划为自己的**领地**，并且对外宣称“这里都是我的”，然后与其他动物或群体展开争夺。

这种行为，在脊椎动物和无脊椎动物身上都可以看到。例如，香鱼会采取十分粗暴的占地盘方式：用身体去冲撞侵入自己地盘的其他同类，以此来驱逐对方。而黄莺，会以十分优美的鸣叫，来对外宣称哪些地方是自己的地盘。动物们宣称或抢夺地盘的方式，各有不同。

此外，动物们划分领地的理由也五花八门。有些是为了食物，有些是为了增加繁殖机会，有些是为了在更好的地方安家筑巢。通常认为，一种或多种理由导致了动物们占地盘行为的发生。

这种领地行为，较之草食性动物，在肉食性动物那里更为多见。对于生活在热带大草原上的狮子或猎豹而言，它们每天能找到食物的概率要远远低于草食性动物。所以，为了提高获得食物的概率，它们必须牢牢守住自己的领地，从而使领地内的猎物不被其他的肉食性动物抢走。

●领地行为与生态系统之间的关系

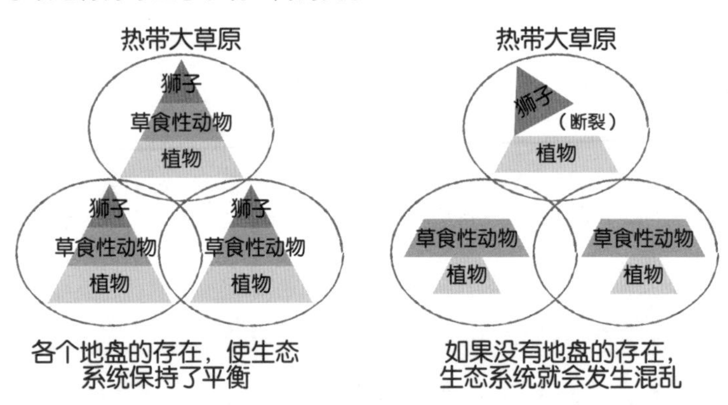

动物们出于自身获取食物的考虑而采取了领地行为，而我们以整体的视角来看待这种行为的时候，这种将单个的狮子或猎豹分散在各个不同的区域里的现象，避免了

某一处的资源出现枯竭，能够间接地对自然环境形成保护。

开拓者的地盘意识与原住民的地盘意识

考虑到我们人类以前也过着狩猎的生活，就可以很自然地认为，当时的我们也会建立领地。但其实，领地行为现在也随处可见。例如，邻里间常会因土地的边界问题产生纠纷，国家间也会对国境线或某个岛屿的所有权各执一词，互不相让，最后导致冲突不断。

我刚才提到，人类社会中也可以很自然地看到领地行为，但对于这种行为，不同的种族或民族，却有着不同的态度。日语的“**领地（縄張り）**”，本义指“拉根绳子来划定一条明确的边界”，而英语的“**territory（领域）**”，本义却是“古代帝国的周边地域”。

美国的原住民“印第安人”一直与大自然共生共存，所以他们不将“领地”看作永久性的事物。他们在一片土地上停留数年，进行狩猎或农耕，但随后，他们还会将那片土地归还给自然。

后来，来自欧洲的开拓者们也踏上了那片大陆。对于开拓者们来说，土地就意味着财富。他们在欧洲的时候，土地资源贫乏，所以当看到美洲还有如此辽阔的土地尚未开垦时，他们欣喜若狂，马上就开始建立领地。

当地的印第安人热情地接待了这些开拓者们，还向新来的人们传授了开荒与农耕的方法。但是，几年之后，这些人们还是完全没有离开这片土地的意思。最后，印第安人与开拓者们发生了纠纷，其原因就在于他们对“领地”的态度大相径庭。

向“香鱼诱钓法”学习

有些上班族很善于利用公司内部的派系之争来提高自己的地位，这种巧妙地利用人类世界的领地之争来谋取私利的例子并不少见。那么，我们来看一些跟我们也有关系的生物界的领地之争。

首先是**香鱼诱钓法**。香鱼生活在淡水里，以河底的绿苔等藻类植物为食，属于草食性鱼类。前面已经提过，草食性动物的占地盘行为较为少见，但香鱼是个例外。它们会为了确保丰富的食物而进行占地盘。而对于这种习性加以利用的，就是“香鱼诱钓法”。

其具体方法是，故意将藏有鱼钩的假香鱼放入香鱼的地盘里，那么地盘的主人就会为了驱逐这个假的香鱼而过去冲撞，这时就可以将其诱钓上来。这就是人们巧妙地利用了香鱼关注领地的习性而发明出的钓法。

这很像“开会时故意激怒爱发脾气的对手，从而使其陷入失败”的谋略家们使用的手法。我们也要注意不要中了这样的圈套。

利用了青霉领地行为制造特效药

还有比“香鱼诱钓法”更具参考价值的生物行为，那就是细菌间的领地行为。同种或同株的细胞会不断增殖，最后形成被称为“种群（colony）”的集体。铺有琼脂的培养皿上，那些圆圆的白色斑点，就是一个个的“种群”。

细菌是很原始的生物，但如果有其他细菌侵入自己的地盘，它们也会释放出化学物质来将对方驱逐。而这种化学物质，就是我们现在用在医疗上的“**抗生素**”。

1928年，英国的亚历山大·弗莱明不小心将培养葡萄球菌的培养皿放置了很多天，结果导致里面的青霉大量增殖。正当他准备将其废弃时，突然发现培养皿里，能导致人体食物中毒的“**葡萄球菌**”不知为何只在青霉集群的周围没有增殖。这一定是青霉身上的某种物质，阻止了葡萄球菌的靠近。

于是弗莱明开始深究青霉身上释放的这种化学物质，最终发现了世界上第一种抗生素“**青霉素**”。也就是说，青霉为了守住自己地盘不让其他细菌侵入而使出的手段就是“青霉素”，而人们又将其提取（分离），用在了自己的日常生活中。青霉素在第二次世界大战期间实现了大量生产，拯救了众多之前因伤口细菌感染又无药可治从而很可能丢掉性命的士兵。

发现青霉素之后，人们又从各种细菌身上分离出了各种抗生素。1944年，美国的瓦克斯曼从生活在土壤里的放线菌身上，发现了它们为了占地盘而释放出的抗生素“**链**

●发现了抗生素的弗莱明和瓦克斯曼

弗莱明（英国）
因发现青霉素，于 1945 年获得诺贝尔生理学或医学奖

瓦克斯曼（美国）
因发现链霉素，于 1952 年获得诺贝尔生理学或医学奖

霉素”。得益于链霉素的发现，之前作为“绝症”而使人们闻之色变的结核病，也找到了治疗的方法。

对于人类来说，领地行为常常伴随着负面的印象，它常常会引起纠纷，并最终导致冲突，甚至引发战争。但是，我们也可以巧妙地利用生物们的领地行为，开发出对我们日常生活有所帮助的东西。这一点也希望大家知道。

“抗生素”与细菌之间无尽的拉锯战

抗生素

微生物身上释放出的化学物质，可以阻止细菌或其他微生物发育。由天然物质合成的改良型抗生素也正在开发之中。

由伤口侵入身体的细菌们

摔倒后身上出现擦伤或割伤时，如果对伤口放任不管，它们就会发红肿痛，甚至流脓。这些脓水，其实就是包含着入侵的细菌和为了消灭这些细菌而与之作战的白细胞等液体。那么什么样的细菌会导致脓水呢？通常是寄生于人体皮肤或鼻腔黏膜上的金黄色葡萄球菌或绿脓杆菌等。它们在健康的人体上，几乎不会引发感染。

但是，如果人体上出现伤口，那些细菌就会乘虚而入，将人的体液作为营养，不断地进行增殖。增殖后，有些细菌使脓水呈现黄色，被称为“**金黄色葡萄球菌**”，有些细菌使脓水呈现绿色，被称为“**绿脓杆菌**”。

伤口越深，细菌能侵入的人体位置就越深，有时甚至会导致重症。尤其在第二次世界大战期间，因战争而受的伤往往很严重，加上不卫生的医疗条件，许多士兵都因细菌感染而丢掉了性命。不过随后，抗生素“青霉素”被发现并实现了量产，金黄色葡萄球菌或链球菌的增殖因此受到抑制，许多士兵的生命也因此得到了挽救。

青霉素也不起作用了

青霉素被开发出来不久，这种特效药的出色疗效就引起了人们的惊叹并得到了称赞。但是，几年后其疗效就出现了颓势。一种新型的金黄色葡萄球菌出现，它们能释放出一种酶，而这种酶能将青霉素分解掉。尤其在大量使用青霉素的医院里，这种新型的细菌更是大肆横行。

于是，一种名为“**甲氧西林**”的新型抗生素也被开发了出来。它的化学组成与青霉素不同，因此不会被那种酶分解掉。使用了甲氧西林以后，这种新型细菌也被消灭了。但当人们又以为万事大吉的时候，几年后，一种对甲氧西林也有抗药性的更为新型的金黄色葡萄球菌也出现了，并且再次蔓延了起来。

这便是“MRSA”（耐甲氧西林金黄色葡萄球菌：MRSA=Methicillin-resistant Staphylococcus aureus）。

经常可以看到这样的新闻：“某医院内发生了MRSA的院内感染，导致了某位老人的死亡。”健康的人几乎不会感染上金黄色葡萄球菌，但是，如果因受伤或生病导致了人体免疫力下降，甚至无法抵抗常见的细菌时，就需要用抗生素了。而当抗生素驱逐了几乎所有的细菌，人体正虚弱的时候，对这种抗生素也有着抗药性的MRSA又会猛扑过来。

人们发现青霉素以后，现在已经有超过500种的抗生素被开发了出来。与此同时，人们也发现了分别对这些抗生素有着抗药性的各种新型细菌。细菌的适应能力之强，实在是令人咋舌。今后，“人类的抗生素开发”和“细菌的抗药性产生”之间的拉锯战应该还会持续下去，但是，我们绝不可低头认输。

●细菌与抗生素之间无尽的战斗

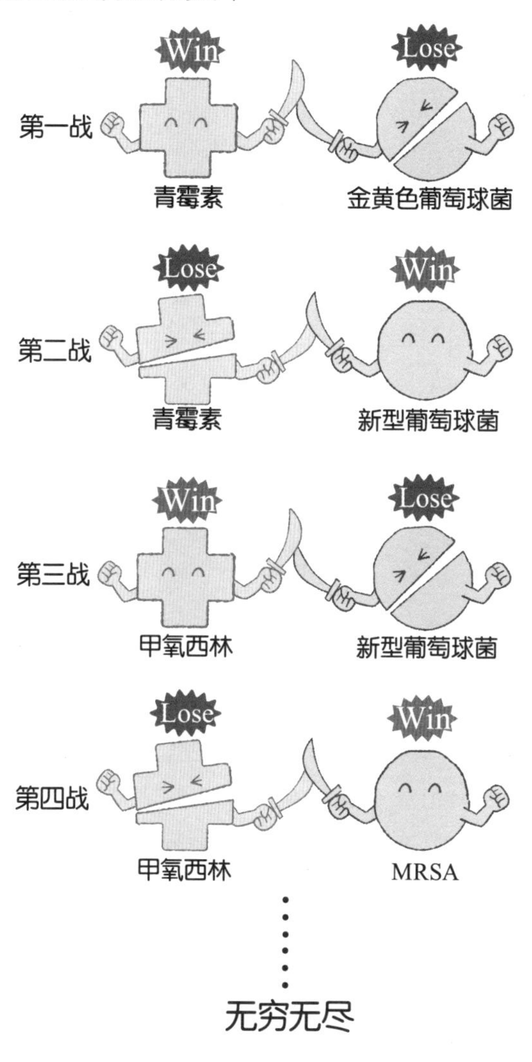

最糟糕的剧本①当葡萄球菌从伤口进入……

细菌侵入人体后，会给我们的身体带来怎样的恶劣影响呢？以金黄色葡萄球菌为例，我们来设想一下最糟糕的剧本走向。

感染伤口并进入人体的葡萄球菌，首先会牢牢地附着在人体的细胞上，接着，它们会释放出一种被称为“蛋白酶”的酶，对人体细胞进行破坏，随后，它们还可以使血液中的凝固因子活化，从而阻止末梢的血液正常循环。这样一来，一直在血液里巡逻的抗体或嗜中性粒细胞等，就无法靠近葡萄球菌所在的位置了。

由此，葡萄球菌进入无法无天的状态，开始不断地分裂和增殖。增殖的葡萄球菌会随着血液流动进入人体的各个部位，还会释放出α毒素。这种毒素可以在红细胞的膜上形成一个环，然后打开一个孔引起溶血反应。随后，一种叫“杀白细胞素”的毒素也会被释放出来，而它们可以对巨噬细胞等吞噬细胞进行破坏。

这时，注意到体内发生异变的人体免疫系统，会拿出自己的终极武器T细胞，努力去扑灭入侵的葡萄球菌。但是，此时的葡萄球菌已经处于大量增殖的状态，并且已经释放出大量毒素。于是，T细胞们开始觉得己方必须使出浑身解数才能与之对抗，所以为了呼叫或活化其他的免疫细胞，也开始释放出自己所有的细胞因子（一种传递免疫相关信息的蛋白质）。

但是，T细胞的这些努力，反而会对我们的身体产生负面影响。高烧、恶寒、休克等严重症状会接连出现，人体会进入被称为“败血症”的状态。病人会脸色苍白地倒下，甚至可能就此死亡。

最糟糕的剧本②当葡萄球菌从口中进入……

除了伤口，葡萄球菌也可以从口中进入人体。我们再来看一下这种情况下最糟糕的剧本走向。

这次，金黄色葡萄球菌会释放出一种叫作“肠毒素”的蛋白质毒素，这种毒素会引起人体的食物中毒。肠毒素到达靶器官后，会刺激神经，引起腹泻或呕吐。

这种金黄色葡萄球菌曾在2000年引发了日本战后最大的集体食物中毒事件。大约一万五千人因喝了有问题的牛奶而出现了呕吐或腹泻的症状。当时，日本的牛奶加工业巨头“雪印乳业”受到这次事件影响，经营出现问题，不得不接受国家的经营重建支援。

当时的牛奶加工业被认为是卫生管理方面的领跑者，也通过了HACCP的认证，但显然，有人并没有严格按照规范去进行作业。此外，即使严格按照规范去进行了作业，也有意外事故发生的可能。但总之，这次的事件暴露了部分企业过于自信、无视规范、对意外事故准备不足等问题。所以，对于处理生鲜食品的企业来说，一定要时刻做好防止细菌入侵的努力。

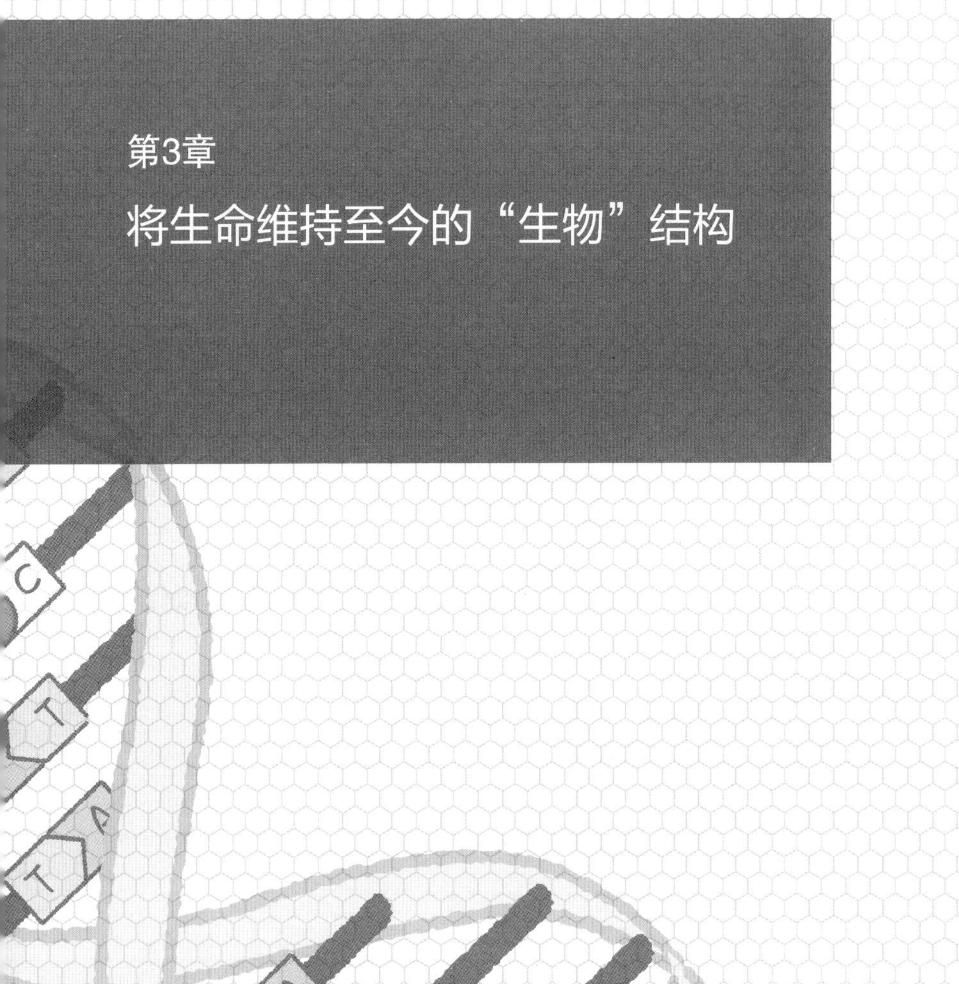

第3章

将生命维持至今的“生物”结构

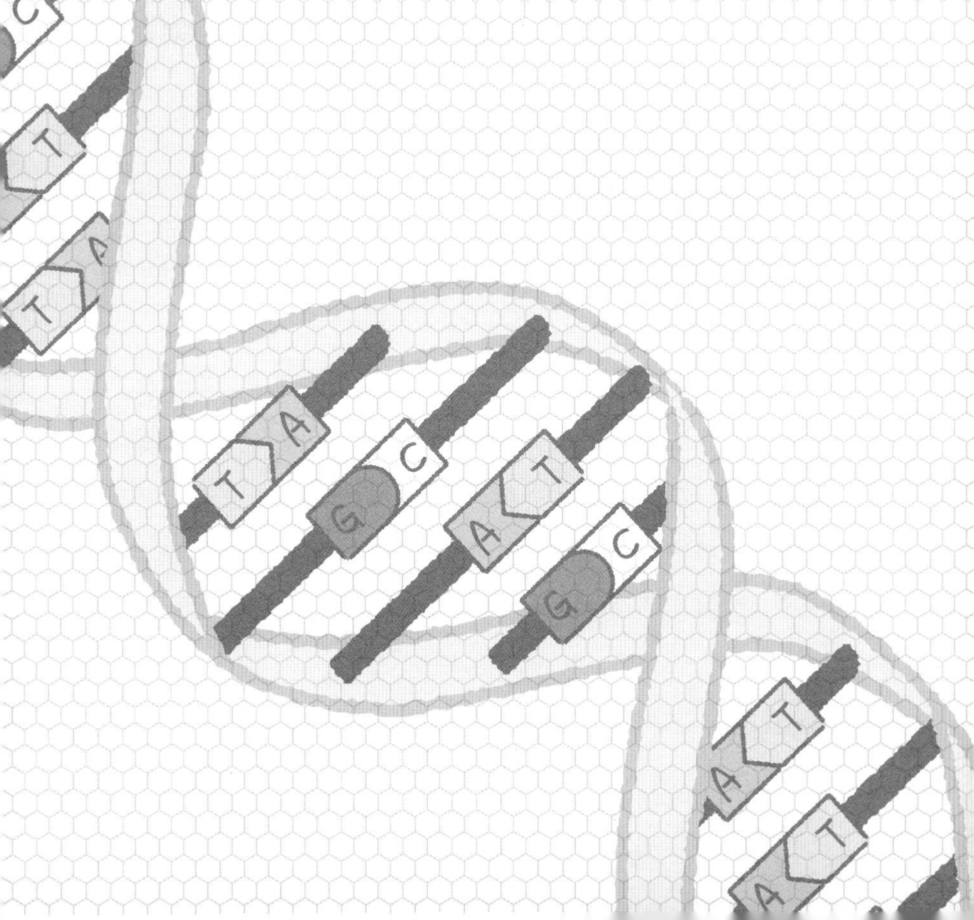

01 取自生物外形的“仿生学”

仿生学

生物经过漫长的进化而获得了各自的外形和功能，而对其进行模仿和应用的学问就叫作“仿生学”。其灵感常常来自对各种生命活动的观察。

诞生于黏黏虫[1]的魔术贴

在秋天的原野上跑上几圈，衣服上很可能就会粘上杂草的种子。想必大家都有过这样的愉快经历：“看！**黏黏虫**！”你一边向朋友展示着，一边将其故意粘在了朋友的衣服上。植物不能凭借着自己的力量四处移动，所以就会想尽办法将种子粘在动物的身上，从而借助着动物的力量

[1] “黏黏虫”是日本对“带刺种子”的统称。——译者注

●鬼针草的种子

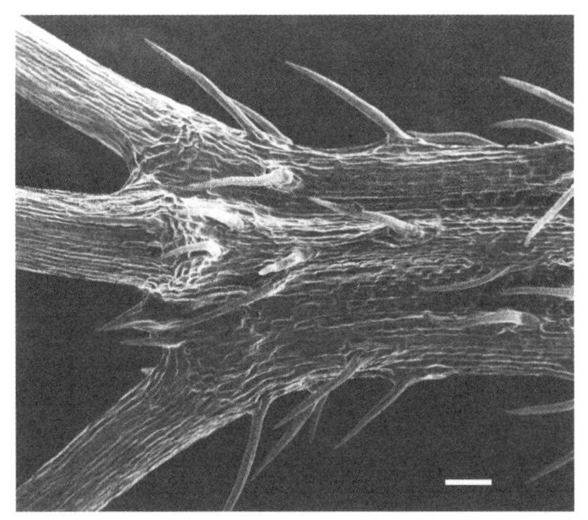

（比例尺为 0.1mm）

表面有很多尖锐的突起。

●一种绿豆属植物（Desmodium paniculatum）的豆荚

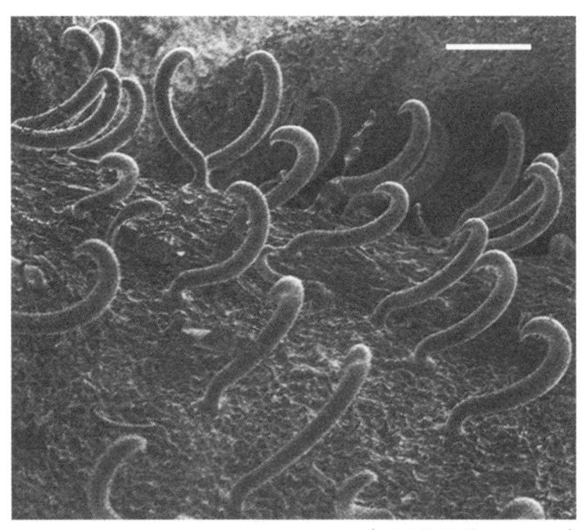

（比例尺为 0.1mm）

表面有很多钩状的突起。

将种子播向远方，以此来扩大自己的分布范围。这是植物的智慧。

将鬼针草的种子（一种带刺种子）放在电子显微镜下进行观察，可以看到上面排列着两种突起，一种又大又尖锐，另一种稍微小一点，形成了只要挂在人的身上就很难再被拍掉的构造。绿豆属植物 (Desmodium paniculatum)的种子外壳也会牢牢地粘在人的衣服上，是用洗衣机去洗都洗不下来的。观察一下其表面构造的话，可以看到很多钩状的突起，所以很难取下也是不足为奇的了。

参考了这些带刺种子的构造后，人们开发出一种名为“魔术贴”的东西。就像这样，模仿着生物的外形或功能去开发新产品的学问，就叫作“仿生学”。将带有环状纤维的胶带和带有钩状纤维的胶带贴在一起，两者就会牢牢地粘住，很难再分离。

荷叶的防水构造与酸奶盒的盖子

荷叶的防水构造也十分有名。水珠会在荷叶上面滴溜溜地滚动。而同一个池子里的睡莲或金莲的叶子上面，却看不到这样的情形。

我们拿电子显微镜观察一下荷叶，可以看到上面有规律地排列着一层覆盖着蜡的突起。每个突起上面，还有很多更小的突起。对这种构造进行模仿的商品有很多，最新的一种是“盖子上不会沾上酸奶的容器”。这种容器的盖子上，也像荷叶表面一样加工了很多微小的突起。

●荷叶

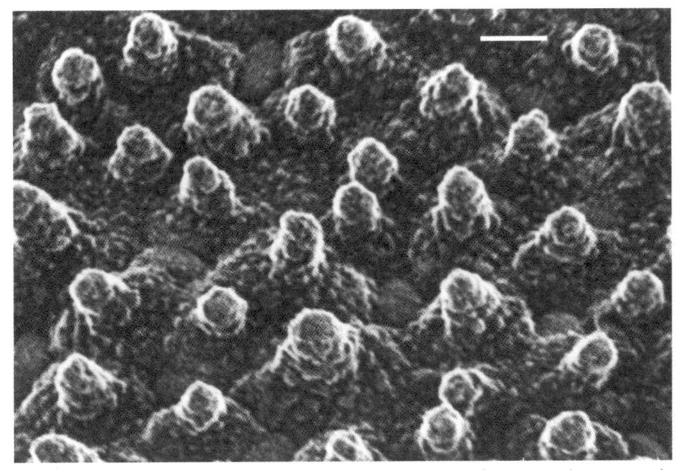

（比例尺为0.01mm）

一个一个突起的表面上，能够看到更多细小的、覆盖着蜡的粒状构造。

据说，开发这个商品的灵感来自一次“拜佛”。有个中小企业的总经理，在长达十年以上的时间里，都一直致力于开发“不会沾上酸奶的盖子”。据说有一天，他去神社里参拜，在神社后面的池子里看见荷叶时，突然得到了这个灵感。他将酸奶滴在这种防水的荷叶上一试，发现酸奶也像水珠一样滴溜溜地滚动了起来，于是他马上就开始了关于荷叶表面构造的研究。

因生物之奇妙而注意到的

仿生学研究还会参考动物的构造。几年前，一种能让人游得更快的泳衣成为了街头巷尾的话题，而那就是参考了鲨鱼皮的构造。此外，参考了壁虎趾垫构造的黏合剂也被发明了出来。有些建材也模仿了蜗牛的外壳。蜗牛虽然生活在潮湿的环境里，它们的外壳却不会发霉也不会沾上脏东西，总是保持着洁净的状态。

除了这些，生物们应该还有很多我们可以作为参考的外形或功能。那么如何去发现它们呢？这首先要求我们有一双善于观察的眼睛。我们要擦亮它们，去注意到生物们的那些奇妙之处。

02 令人期待的“DNA 纳米技术”

DNA 纳米技术

将（被称为生命设计图的）DNA 作为零部件进行利用，制造出各种纳米级产品的技术。

微观世界里值得注目的技术革新！

DNA由四种碱基构成，碱基的排列顺序看上去十分随机，但其中记录着生命的设计图纸。DNA上的生命设计图纸可以长期保存，并可以随时正确复制，于是“将遗传信息传递给子孙后代”的这项任务得以顺利完成。新闻里也曾报道过，人们使用最新的生物技术，从距今五千多年前的木乃伊身上提取了DNA，并成功解读了里面的遗传信息。就像这样，DNA具备着“可正确复制”和“可长期保存”的特征。

将一个细胞里的DNA按直线排开的话，其长度可以达到2米，但直径却只有2纳米（1纳米等于1米的10亿分之一）。这是一个非常微观的尺度。使用普通的光学显微镜是无法观测到这种大小的DNA里包含的双螺旋结构的，所以必须动用到电子显微镜。而将这种极微小的DNA作为零部件来使用的“**DNA纳米技术**”，近年来越来越受到人们的关注。

DNA可以作为记录媒体来使用？

DNA纳米技术的课题之一，就是“DNA可以作为记录媒体去使用吗”，相关的研究与开发正在进行之中。

我们现在已经可以将文字或图片数字化，然后储存在电脑里了。普通的电脑，都使用以0和1来表示的被称为“二进制”的记数系统储存数据。而DNA的碱基则有A、T、G、C四个种类，所以可以说是用“四进制”来表示的。和电脑比一比的话，每单位DNA的记录能力就是电脑的两倍了。也就是说，4个碱基可以记录8个比特的数据，反过来说，在记录同样大小的数据时，DNA需要的量会更少。

●DNA 的效率比电脑还高?

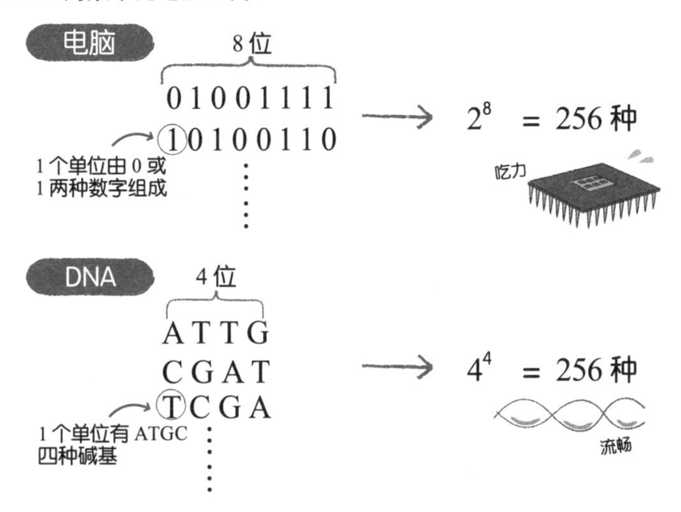

理论上，1克的DNA可以记录2PB（1PB是1TB的1000倍，是1GB的100万倍）的数据，相当于40万张DVD的数据量。DNA是构成生物的一种物质，所以，将刻有数据的DNA植入人体进行储存的话，也不是不可能。不过，现在要实现这一点，会花费很多的成本和时间，如果要将其实用化，还有各种技术难关要突破。但是，从技术上去人为地重新排列DNA碱基的顺序，或对其进行读取，现在已经可以实现了。

DNA总想恢复成双链结构

关于DNA的双螺旋结构，先向大家进行一些说明。DNA被加热后，其双螺旋结构会暂时分离成两个独立的链条，但是，当温度下降后，它们又会像什么事儿都没发生过一样，恢复成原来的样子。这是因为双螺旋结构是一种十分稳定的结构，所以DNA总是想恢复成原来的样子。

即使是只有短短8个碱基的DNA序列，如果其中的碱基对是互补的（即A与T、C与G互为一对），那么它们就可以从无数的碱基对里找到与自己完全合适的，并与之结合。

在DNA纳米技术的领域里，人们正在利用DNA这种总想恢复成双链结构的特性，开发着可以制造出纳米级立体结构的技术。

用DNA来折纸

DNA是非常长的链状高分子，而人们正在尝试着将这样的DNA编织成平面或立体的形状，这就是“**DNA折纸技术**”。这个名字是美国人起的，所以在日本也没有使用汉字，而是用了片假名的“ORIGAMI[1]”。其实，较之通过内折和外折来折出立体形状的折纸，“DNA折纸法”更像是将经线和纬线编织在一起的纺织品。

你现在正在想象的，恐怕是将DNA的双螺旋当成一条线来看，然后将两条线交叉在一起的那种平织法。但其实不是这样的，用的是更高明的织法。首先，将DNA的双螺旋解开，将其中的一条DNA链当作经线。然后，将人造的更短一些的DNA链当作纬线，挨个地跟经线贴在一起。

现在，先假设经线的碱基都有着从1到100的编号。然后，如果在人工合成纬线的时候，设计了跟经线完全互补的排列，那么最终就只能得到一条线而已。所以，在制造纬线时只留下了1~10和90~100的部分，中间都被省略掉了，就形成了一个更短一些的用于互补的排列。这样一来，经线的第11至第90的编号找不到可以贴在一起的伙伴，那个部分就会凸起来形成一个环，可以说是“线变成了平面”。这时，还可以在环的部分贴上新的纬线，使之与其他的环排在一起。如图所示，在一条长长的经线上贴上好几条纬线的话，就可以得到一个牢牢组合在一起的平面体。

---

[1] ORIGAMI：日语中“折纸”的意思。——译者注

●制作“DNA 折纸”的方法

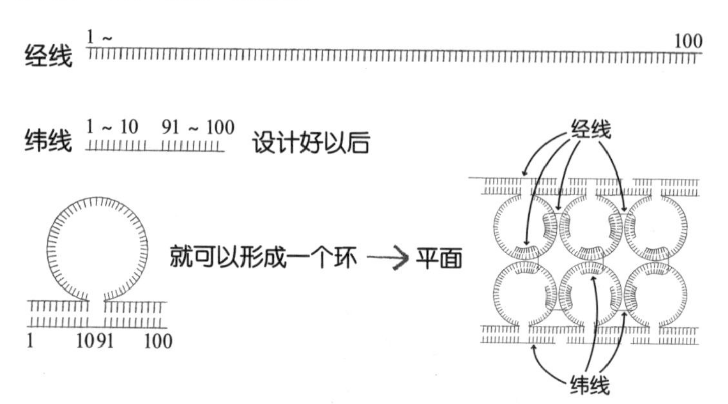

就像这样，人们一边考虑着经线的位置，一边人为地合成着合适的纬线。如果设计得足够精巧，那么就不仅能制作出自己喜欢的平面结构，还能制作出自己喜欢的立体结构了。

能把药品也装进去的DNA折纸

这种DNA折纸法的最大优势就在于，DNA会自动地贴在一起，从而自动地组成某种结构。手拿镊子对纳米级的DNA进行编织几乎是不可能的，所以有了折纸法以后就不需要这样做了。我们已经巧妙地利用了DNA的碱基会自动寻找可以配对的伙伴，并始终想要恢复成双链结构的特质。

我们需要的，只有相当于经线和纬线的DNA，以及可以调节温度的小型装置。我们甚至可以在自家厨房里用锅子来进行这项作业。

例如，我们还可以使用DNA折纸法做出一个中空的立体盒子，然后在里面放入能够破坏细胞结构的药剂。药剂因为被DNA这种人体物质所包裹着，所以对于人体是无害的，但是，当它们靠近癌细胞的时候，盒子就会打开，药剂就会跑出来。这样一来，人们就可以选择性地消灭癌细胞了。类似这样的治疗方法也正在开发之中。

就像这样，等待着被实用化的DNA纳米技术还有无数个之多，而且，其中还隐藏着巨大的足以颠覆制造业常识的可能性。

03 地球上所有生命的生存都依赖“光合作用”

光合作用

把太阳的光能转换成其他生物可以利用的形态的一种反应。是植物为地球上所有生物所承担的责任。

人类也是多亏了有光合作用才能活着

小时候，我家隔壁的老奶奶每天早上都会对着太阳拜一拜。我当时还没有完全理解太阳的重要性，所以觉得这个行为很不可思议。不过，当了解到植物为地球上所有生命承担的责任之后，我就完全理解了对于所有生物而言太阳的重要性了。因为我们人类生存和活动所需要的能量，追根究底，也全都是来自太阳的光能。

我们活动所需要的能量是从食物而来的。例如，请回想一下自己每天的早饭。米饭或面包等主食本身就是植物，所以跟蔬菜类一样，是利用阳光成长起来的。而对于肉、鱼、蛋等由动物而来的食物而言，如果追溯一下动物们的能量来源，也一定会回到利用着阳光的植物们身上。

植物可以将太阳的光能转换成其他生物也可以利用的形态，这个就是“**光合作用**”。

叶绿体是什么形状?

地球上有动物的地方就有动物们赖以生存的绿色植物，植物可以将太阳的光能转换成动物也可以利用的能量源，也就是糖类。

而进行这种光合作用的就是植物细胞里的“**叶绿体**”。请看一下这张图。这是一种叫“迷迭香”的香草的叶片横断面，由此可以清楚地看到正在积极进行光合作用的两种叶肉细胞的样子。表皮下面，那些紧贴着表皮的棒状细胞，看起来像是栅栏一样，所以被称为“栅栏组织细胞”。

此外，这些细胞下面，还排列着一层像是护堤上四角锥体防浪块一样的细胞，它们被称为“海绵组织细胞”。据说

●迷迭香的叶肉细胞（Cryo-SEM 反射电子像）

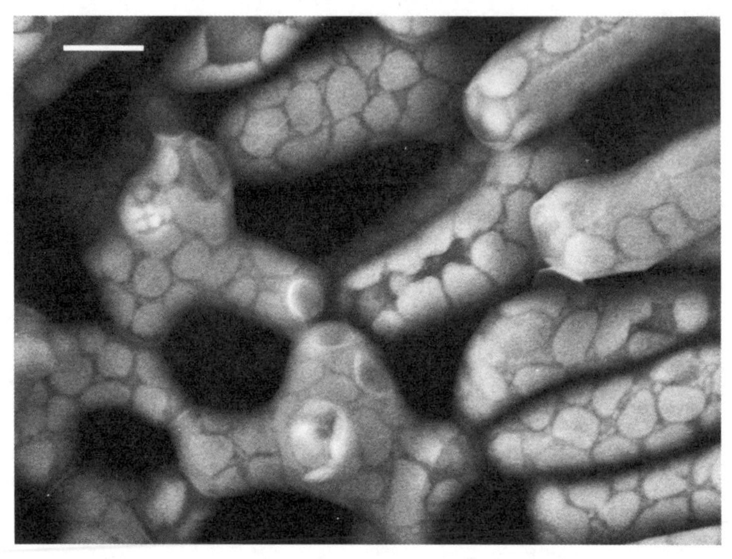

（比例尺为 0.01mm）

棒状的栅栏组织细胞与带有突起的海绵组织细胞。在这些细胞的表面下面，像石板一样排列着的就是叶绿体。

它们之所以是这个形状，是为了给细胞和细胞之间留下空气流通的通道。

无论是哪种细胞，在它们的表面下，都可以看到像是石板密密麻麻地铺在一起的结构。而这些，全部都是绿色的叶绿体。负责光合作用的叶绿体，为了利用阳光和吸收空气中的二氧化碳，而长成了这样的形状。在成熟的叶片上主要负责光合作用的叶肉细胞里，叶绿体密集地排列在细胞表面，而细胞的内部，则由巨大的液泡占据。液泡的体积甚至达到了细胞总体积的90%以上。

由光合作用生成的糖分，会暂时以淀粉的形态储存在叶绿体里。淀粉可以被碘液染成紫色，所以使用光学显微镜也是可以观察到的。

那么，从立体来看，叶绿体又是什么样的形状呢？植物细胞的结构图里用的通常是椭圆形的断面图，所以肯定会有人以为叶绿体是橄榄球的形状。但其实，它们更接近于围棋棋子、凸透镜，或者豆沙馅儿面包的形状。如果里面包含的淀粉粒过大，它们还会被撑得鼓胀起来。

叶绿体的起源是共生体

如上文所述，叶绿体极其重要，可以说地球上所有生命都是靠着叶绿体来维持的。不过现在普遍认为，叶绿体最开始是像蓝藻（蓝细菌）那样的独立生物，后来被其他细胞拉拢过去组成了**细胞内共生体**，然后又经过漫长的岁月，才变成了细胞内的小器官。现在，这种叶绿体的“细胞内共生起源说”，已经和线粒体的共生起源说一样，被大多数的科学家接受了，但这种说法最开始被一个叫“琳·马古利斯”的年轻女科学家提出的时候，也就是20

世纪60~70年代那段时期，几乎所有人都是半信半疑的。几十年后，随着科学的进步，才渐渐有足够多的实验结果支撑起了这个共生起源说。

叶绿体有自己独自的DNA，但和蓝藻的DNA比一比的话，其数量就少得可怜了，而且其中的大部分还被细胞核给夺去了。所以，叶绿体的分裂和增殖等都会受到细胞核的控制。为了作为细胞的一员发挥作用，这也算是不得已而为之。

请看一下这张现存的蓝藻的电子显微镜图，可以看到类囊体膜和多边形的羧酶体。前者负责吸收光能，后者则

●在琼脂培养基上增殖的蓝藻

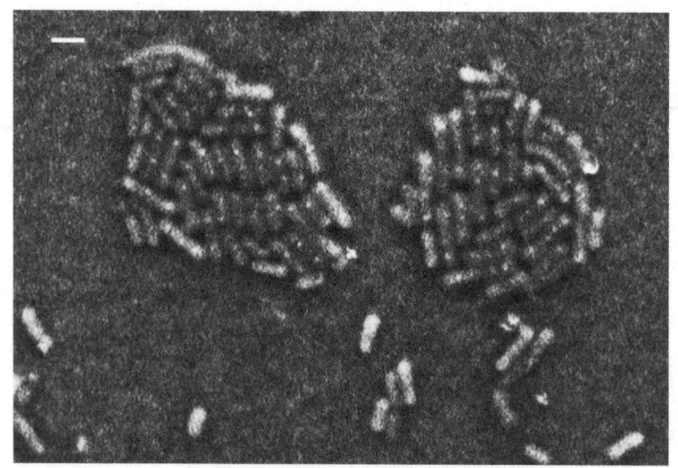

（Cryo-SEM 反射电子像）（比例尺为 2μm）

棒状的细胞通过反复分裂和伸长为两个新的细胞来进行增殖。细胞内的小白点为多聚磷酸的结块。

●蓝藻的细胞

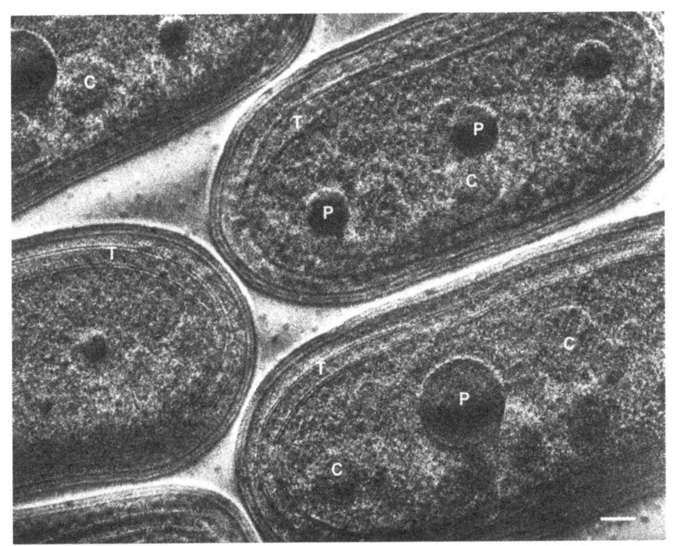

（相差电子显微镜像　拍摄：新田浩二）（比例尺为0.1μm）

排列在周围的类囊体膜（T）。黑色球状物为多聚磷酸体（P）。用这种方法进行观察会显示为黑色。多边形结构为二磷酸核酮糖羧化酶的集合体羧酶体（C）。

是可以利用转换好的光能去吸收二氧化碳的一种酶（1，5-二磷酸核酮糖羧化酶）的集合体。1，5-二磷酸核酮糖羧化酶作为地球上数量最多的一种酶被人们所认知。二十几亿年前，作为光合作用的副产品，氧开始在大气中蓄积，后来就形成了臭氧层。蓝藻是无核的原核生物。其长长的环状DNA被好好地收纳在细胞里，只在必要时发挥作用，此外，蓝藻的DNA也会被正确地复制和配给，但其原理现在还没有被完全地研究清楚。

蓝细菌的图片里，那些大大的黑色球状结构里蓄积的，都是多聚磷酸。多聚磷酸被有些人称为“功能尚未被解明的分子的化石”，但不止蓝藻，其他所有生物的体内也都含有多聚磷酸，所以它们也被认为是发挥着重要作用的。

由以上内容可以得知，在可以追溯到三十几亿年前的生命的漫长历史中，是许许多多的偶然事件重叠在一起，才发展成了我们今天看到的这幅生物的繁荣景象。

对植物的陆地生活起到极大作用的“角质层”

角质层

大约5亿年前，从水里登陆的植物获得了角质层。角质层是由覆盖在植物体表面的疏水性物质组成的防水层，可以防止水分的蒸腾。

登上陆地的可以在水里进行光合作用的生物

现在地球上的大部分陆地都被绿色植物覆盖着，但它们原本是生活在水里的。

那么，它们是怎么从水里来到陆地上的呢？通常认为，植物最开始是在大约5亿年前登上陆地的。20亿年前，水里出现了带有细胞核、叶绿体、线粒体等的真核生物，随后从单细胞到多细胞，它们又展开了构造更为复杂的各种进化。基于细胞内共生学说，我们认为，叶绿体的原形蓝藻本身是一个单系起源的物种，后来又进化成了带有绿色、红色、褐色等带有光合色素的形态。就像这样，可以在水里进行光合作用的生物，其形状和颜色都是多种多样的。

不过，只有带有绿色叶绿体的绿藻系生物最后成功地登上了陆地。普遍认为，绿藻生物中，现在的轮藻类植物跟当时登上陆地的植物最为接近。也就是说，当时勇敢地以陆地为目标，并成功地登上了陆地的只有绿藻类植物。你下次再去湖边的时候，如果一边听着水声，一边想象着当时最先登上陆地的植物的样子，应该也会感到有些兴奋吧。

水中植物登上陆地的过程，也可以被称为“适应干燥”的过程。从有性生殖的原理来看，苔藓类或蕨类植物的话，精子要自己游到卵细胞那里去，所以需要有水的环境。但在陆地上进一步完成进化的被子植物，其具有干燥耐受性的花粉附着在雌蕊的柱头上以后，精细胞就会通过花粉管被运送到被子房包裹着的胚珠里去。所以，现在也可以经常看到，苔藓类或蕨类植物还是喜欢生活在潮湿的环境里。

若要战胜植物的天敌“干燥”……

为了维持陆地上的生活，植物体内生出了一连串的物质。例如，以下会提到的角质、孢粉素、木质素等，它们都具有难以被分解、具备疏水性的共同特征。

陆地植物的表皮上覆盖着“**角质层**”，有了它以后，水分就很难从植物表面蒸腾出去了。但是，角质层会连空气都隔绝在外，所以表皮上还需要一些气孔来吸收二氧化碳。实际上，用电子显微镜观察一下叶子表面，可以看

●银杏叶子上的角质层

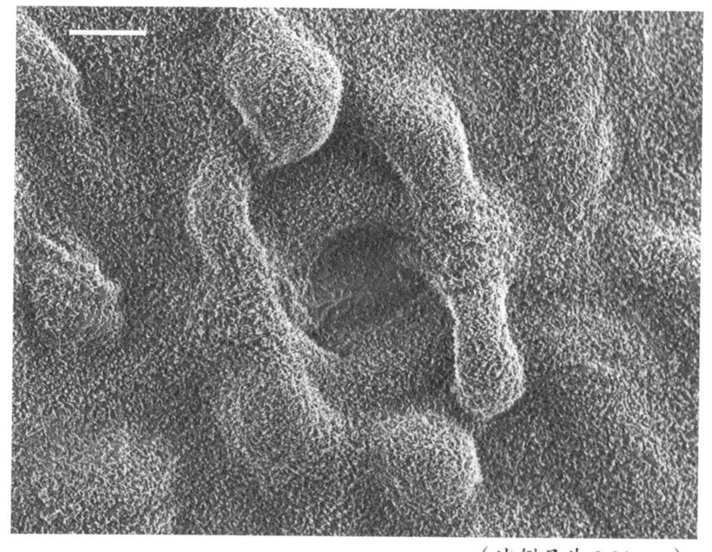

（比例尺为 0.01mm）

角质层的表面还覆盖着一层蜡。

到，在角质层的上面，有些还覆盖着各种形状的蜡层，有些还覆盖着许多细毛。看到表面上的这些构造，就能理解为什么有些叶子摸上去滑溜溜的，有些却是硬邦邦的，还有些则是轻飘飘的了。

花粉为了在干燥的环境里也能生存下来，其表面还覆盖着一层外壁，含有一种名为孢粉素的化合物。孢粉素据说是地球上最难被分解的生物高分子了。而花粉，根据植物的不同，其形状和花纹也各有不同。花粉的结构十分稳定，很容易作为化石流传下来，所以常常被用来研究古代的植物。

名为“凯氏带”的关卡

树皮上附着有一层名为“木栓质”的疏水性物质，可以从内部防止水分的蒸发。木栓质上面又附着有一层名为“内皮”的带状细胞壁，内皮里包裹着植物根部的维管束。这种疏水性的屏障式结构被称为“**凯氏带（casparian strip）**”。

植物的细胞壁都有着类似海绵的性质，任何物质都可以不经筛选地渗入，并且在细胞壁的内外移动。但是，物质可以自由移动的范围，仅限于内皮的凯氏带以外，碰上凯氏带以后，再往前就只有穿过细胞膜来进入细胞内部了。但细胞膜会对外来者进行甄别，判断其是否属于可以进入细胞内部的物质。

●凯氏带为疏水性的屏障式结构

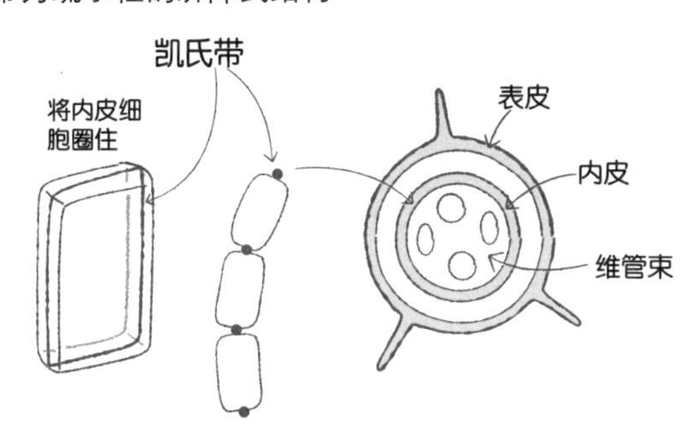

植物根部不停地吸收着土壤中的水分和养分。有了凯氏带的存在，就可以防止那些不必要的甚至可能有害的物质不经筛选地抵达维管束，并被运往植物的其他部位。植物根部的组织由位于根部末端的分生组织分裂出的细胞经过成长分化而成，当根部表皮细胞生成根毛，开始从外部大量吸收养分时，位于维管束四周的凯氏带也同时完工，并建立起选择通过的机制。

雪茄的浓烟通过了木质部的导管

维管束植物的木质部细胞壁上附着有木质素。树木作为木材被使用的部分叫作木质部。木质化的过程也被称为“**木质素化**”。木质素是一种难以被分解的化合物，含有这种物质的细胞壁会变得很坚韧。木材之所以坚韧就是因为有着木质素化的细胞壁。当植物结束纵向生长，开始横向生长的时候，位于其茎部形成层的分生组织会向内分化出木质部，向外分化出韧皮部，所以木质部每年会以环形的形状持续增多。

木质部里的导管和假导管负责从植物根部吸收水分和养分。我曾看过一个现场的演示，其目的在于证明这些导管全都连接在一起。当时一段将近2米长的树枝被搬进教室，老师向树枝的一头吹了一些雪茄的烟，不久烟就穿过木质部的导管从树枝的另一头冒了出来。这就是20世纪80年代我在美国中西部一所大学里上过的一节课的内容。老师是植物解剖学专家雷·艾伯特。如果放到现在，他很可能会被批评：“竟然在教室里抽雪茄！成何体统！”

导管进行分化时，会使位于初生细胞壁内侧的螺纹或环纹的次生细胞壁增厚，并使木质素附着在那里。次生细胞壁形成时，细胞都会死去，只剩下坚韧的细胞壁。这种细胞为了某个目的而有计划地死去的现象叫作“细胞凋亡”。与导管或假导管这种细胞质被分解、只有细胞壁剩下来的情况形成对照的是，构成韧皮部的筛管细胞则是细

●紫茉莉根部的导管

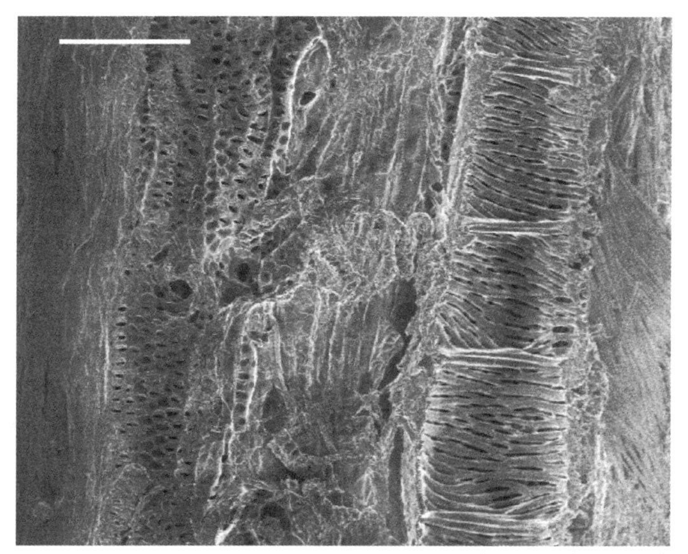

（比例尺为 0.1mm）

网状或螺旋状的次生壁里都包含有木质素。

胞核会消失，其具有鲜明特征的质体等细胞器却会被留下来。筛管细胞受到伤害会迅速聚集成筛板，显示了其积极的防御反应。在筛管细胞的旁边，还有着细胞活动极为活跃的“伴胞”，它们齐心协力，运送着包含光合作用产物“糖”在内的各种养分。

这些植物登上陆地后为了支撑自己的身体而进化出的包含着木质素的坚韧木料，一直被我们作为建材来使用。

植物的“蒸腾作用”打造出天然的冷气机

蒸腾作用

水分通过植物的叶、茎等地面部分，以水蒸气的形态散失在空气里。液体汽化时，热量会被带走，降温效果也由此产生。

绿植窗帘的效果

每当看到大夏天在人工的草坪上踢足球的人们，我就会由衷地表示同情，因为人工草坪没有天然草坪那样的降温效果。如果你光脚在天然的草坪上走过，就应该知道那种凉丝丝的感觉，远没有光脚走在沙滩上那样烫。

即使烈日当头，柏油路的停车场烫得冒火，路边的杂草或绿化带那里，叶子的表面温度也不会太高。于是现在的公寓或高楼上，经常可以看到为了降温而设置的“绿植窗帘”。在窗前种上苦瓜或牵牛花等藤蔓植物，它们不但能为你遮阳，还能为你从茂密的叶间送来徐徐的凉风。

这些都是基于植物的“蒸腾作用”而产生的效果。当水分从叶子的表面蒸发时，由于汽化现象的产生，温度会出现下降。因为液体在汽化时，热量作为必要的能量被夺去了。蒸腾作用虽然也能发生在覆盖于陆地上的植物叶子表面的角质层上，但其大部分还是通过叶子表面的大量气孔发生的。

植物的动作都是通过膨压运动来完成的

气孔是一对“**保卫细胞**”中间的一个孔，开合的样子很像人的嘴巴。那么，能感知周围环境进行开合的气孔，究竟是根据什么样的原理来完成开放或闭合的动作呢？

植物的动作大多来自“**膨压运动**”。这是水分的进出导致细胞膨胀或收缩，从而引起的一种运动。例如，一碰就会像鞠躬一样动起来的含羞草的叶子，其根部被称为“叶枕”的地方，那里的细胞会有水分进出，而这会导致膨压发生变化，从而引起叶片的收缩。

在扁豆或酢浆草等植物那里，还可以看到一到晚上叶片就会闭合的睡眠运动，这也可以通过膨压的变化来解释。此外，食虫植物捕蝇草为了捕获猎物也可以让自己的捕虫叶进行开合，那也是通过膨压运动来完成的。

●气孔的开闭通过膨压运动来完成

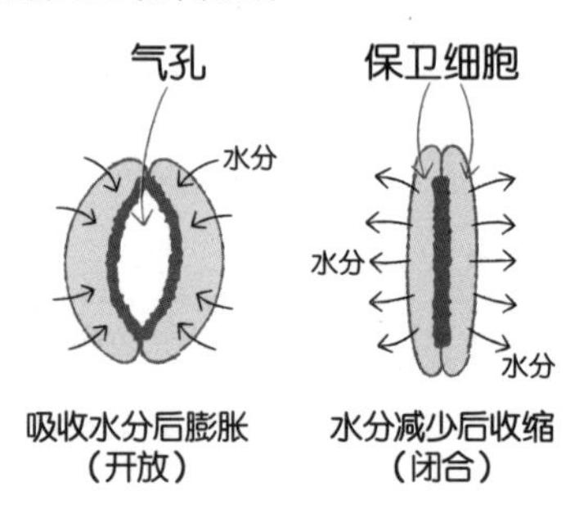

气孔开闭的原理

保卫细胞也会因膨压变化而膨胀或收缩。可是，保卫细胞形如细长的香肠，它们是怎么通过膨压变化来实现变形的呢？

请想象一下以下的模型。将一个细长形的气球稍微吹起来一些后，沿着它的长轴竖着贴上一条胶带，然后继续向里面吹气，这时会发生什么情况呢？气球会发生弯曲。这样两个吹成香肠形状的气球，将它们贴了胶带的一侧合在一起的话，中间就会形成一个开孔。保卫细胞也是如此，一对细胞的面对面的一侧，都有一层厚厚的细胞壁，所以很难膨胀。

养育植物时，如果忘记浇水而导致植物缺水的话，保卫细胞也会进入干瘪的状态。这时，气孔会紧紧地闭合。而当水分充足，植物处于可以活跃地进行光合作用的状态时，保卫细胞也会吸水膨胀。膨胀后的保卫细胞，由于孔侧的细胞壁很难伸长，细胞就会像弯曲的香肠一样，使夹在中间的气孔形成开放状态。

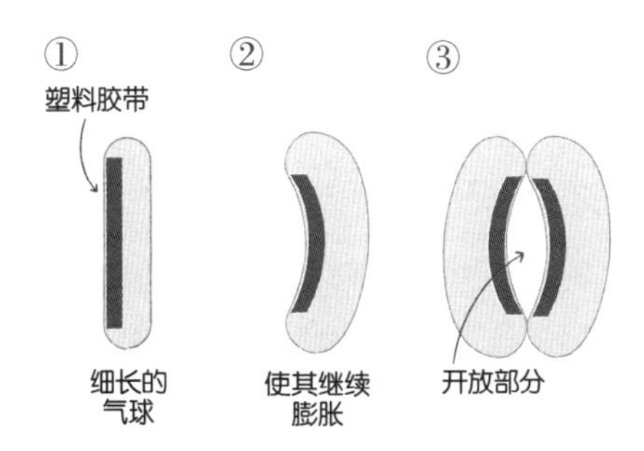

此外，研究显示，蓝光会影响气孔开合。保卫细胞被蓝光照射后，细胞内会蓄积钾离子，从而造成渗透压上升，并最终导致细胞吸水膨胀。

多种多样的气孔

气孔大多存在于叶子的背面。在叶子叶肉细胞的结构里，也是以与叶子背面的表皮相连的海绵状组织细胞的细胞间孔隙最多。因此，作为由气孔进入的空气的通道，其效率也理应很高。

具体对各种叶子进行一番观察的话，可以看到，气孔的种类其实是十分多样的。例如，总是浮在水面上的睡莲的叶子，就只有与空气接触的正面存在有气孔。

此外，气孔的形状与排列方式也是多种多样的。在单子叶植物那里，经常可以看到气孔以与叶脉相同的方向排列成一排，但在双子叶植物那里，方向则总是杂乱的。不过气孔的数量与分布还是得到了有效的控制。除了叶子外，植物的茎部也分布着气孔，甚至在萼片和花瓣上也可以看到它们。

要进行光合作用，就需要打开气孔以吸收二氧化碳，但当水分减少时，又需要闭合气孔以防止蒸腾。于是，对于许多植物而言，酷暑时节相当难熬。实际上也是这样，进行一般性光合作用（C3型光合作用）的植物，都会在盛夏时分闭合气孔，成长也随之放缓。但是，对于已经适应了各种环境的植物来说，为了打开这种困局，它们也想出了许多别的方案。

例如，玉米能够进行可以更有效地利用二氧化碳的光合作用（C4型光合作用），所以在盛夏时分也能正常生长。在进行C4型光合作用的叶子上，维管束周围细胞的叶绿体十分发达，它们可以和其他叶肉细胞里的叶绿体共同分担职责。

另外，在水分极其珍贵的沙漠，那里的植物也展示出

●薄荷叶子上的气孔

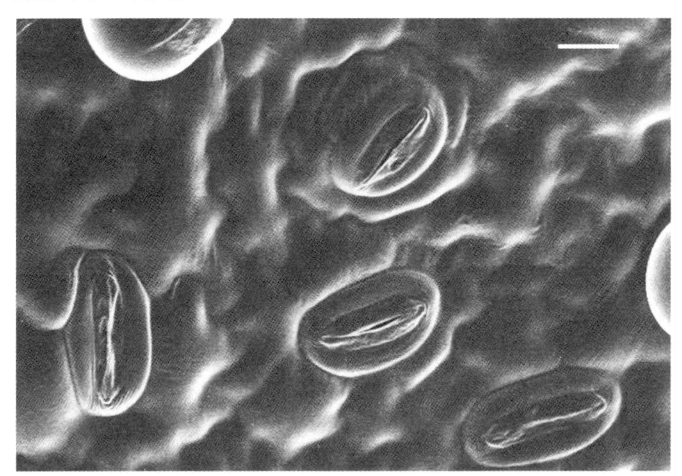

（比例尺为 0.01mm）

左侧的气孔紧紧闭合着。正中间的气孔只开放了一点点。

●玉米叶子上的气孔

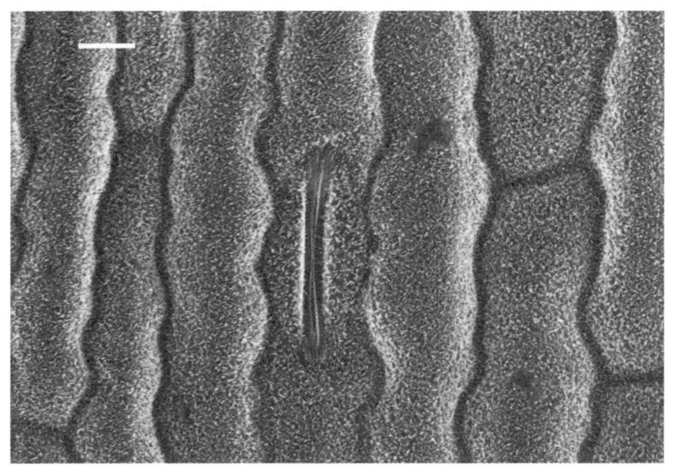

（比例尺为 0.01mm）

属于 C4 植物的玉米，即使闭合着气孔也能够有效地利用二氧化碳。

●多子景天的叶子

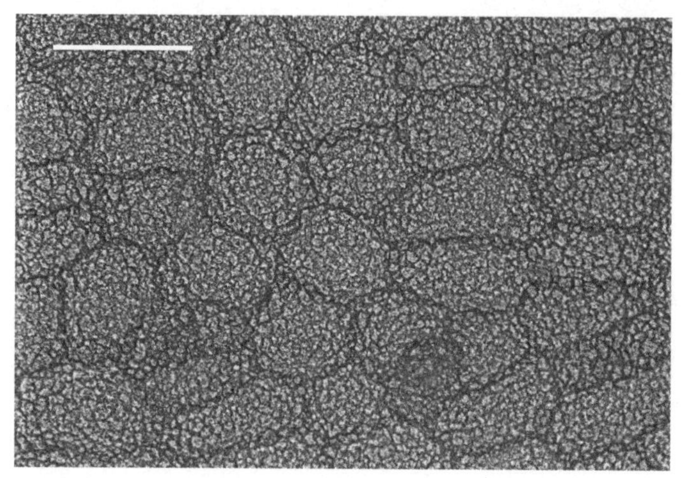

（比例尺为 0.1mm）

能够适应干燥环境的多肉植物，表面覆盖着厚厚的蜡层。你可以找到气孔吗?

了自己独特的巧思。叶子和茎部都很厚实的多肉植物，只在气温相对较低的夜间开放气孔，白天则会闭合气孔。它们可以将夜间吸收的二氧化碳转换成化合物，然后储存在液泡里，到了白天再将那些化合物转换成二氧化碳，以此来进行光合作用（CAM型光合作用）。仙人掌也是进行CAM型光合作用的多肉植物，但叶子已经进化成了刺状，有些可以仅靠茎部来完成光合作用。通过厚实的茎部来减少表面积，从而防止蒸腾。

植物通过适应地球上的各种环境生存到了现在，它们的智慧和坚韧令人吃惊。

第4章

将不可能变为可能的“植物”的巧思

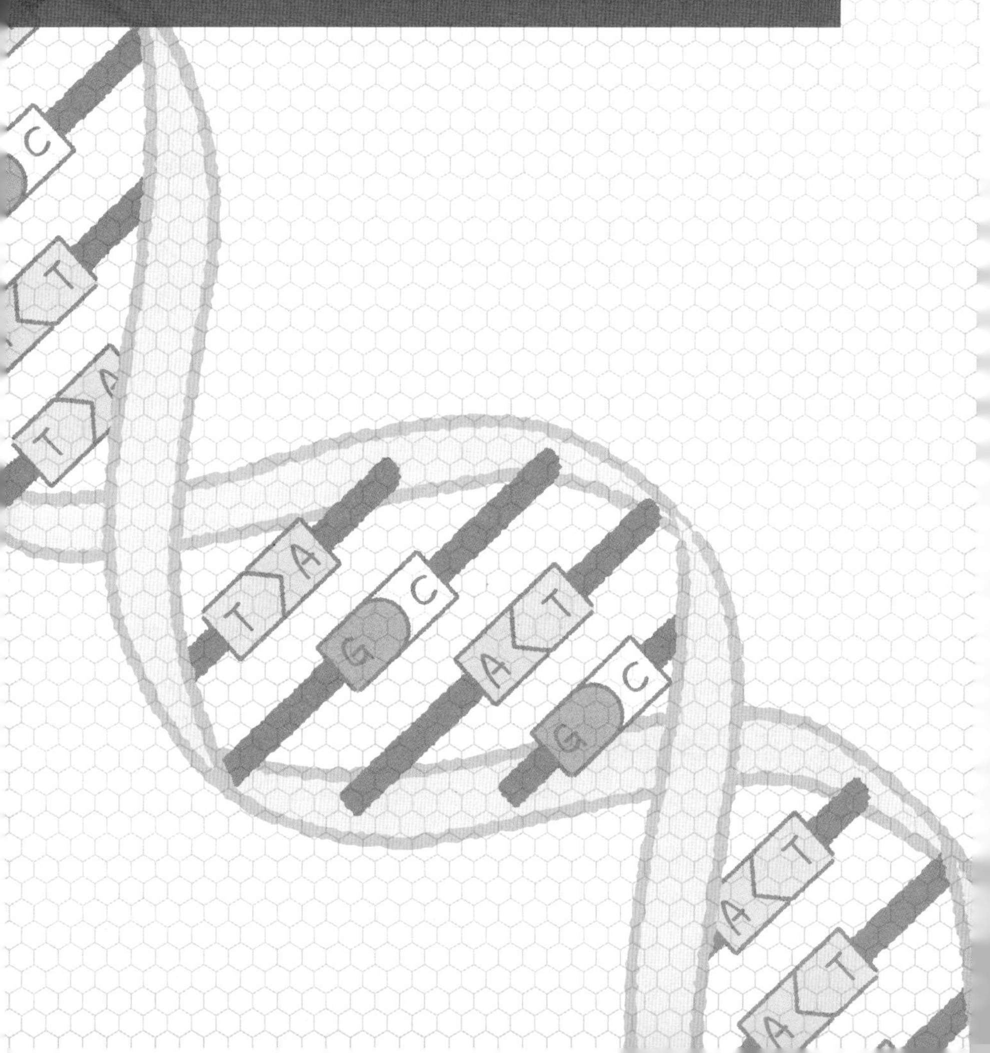

来自宇宙中发芽的黄瓜“钉子”的教训

“钉子”

黄瓜的种子发芽时，为了挂住种皮而朝着重力方向长出的一个突起。在不需要这种突起的另一侧，有着抑制其形成的内部结构。

追着光发芽的种子

植物在成长的过程中，似乎完全知道重力的方向。土壤中的种子在温度和水分等条件都具备的时候就会发芽，但通常是先向下伸出根部，站稳脚跟，然后再不断向上伸出茎部和叶子这样的地面部分。它们似乎知道，只要从土壤中朝着与重力相反的方向成长，就有很大的概率可以接触到光（太阳）。

但是向上费了一番工夫后，却还是找不到光的话，会发生什么情况呢？人们在黑暗的实验室里做过这样的实验。种子发芽后，茎部会不断地向上生长。那些子叶下的茎部（胚轴），在充足的光线下，只有不到5厘米长，但在黑暗的环境下，却可以长到20厘米以上。它们渴求着光而不断向上生长。

在接触到光之前，茎部和叶子的颜色都只会是白色或淡黄色，不会变成绿色。子叶也不会展开，而是保持着折叠的原样。但是，它们同时也做好了万全的准备，确保自己只要一接触到光，就可以迅速地变成绿色，生出叶绿体，打开子叶，马上进行光合作用。

种子里储存着找到光之前，自己成长所需的必要的养分。它们必须在这些养分耗尽前，尽快地开始光合作用，以确保自己获得新的养分。

这也就是说，我们一直将植物准备用在自己发芽时的养分当作我们的粮食。此外，对于自身没有储备好足够养分的小一点的种子来说，如果身处事先无法确保光源的地方，它们就不会发芽。

类似“钉子”的机关可以帮助种子摆脱坚硬的种皮

葫芦科的种子，如南瓜、黄瓜、甜瓜等都有着坚硬的种皮，并且均是扁平的形状。这些种子的身上，都有着一个机关，可以使种子在发芽后，子叶破土之前，先将种皮褪去，然后继续留在土壤里。这个机关被称为“**钉子**”，是一个肉眼可见的突起。在葫芦科的种子水平落地后，在根和茎的分界线那里，会朝着重力的方向（下方），长出一个这样的“钉子”。

●黄瓜种子的发芽

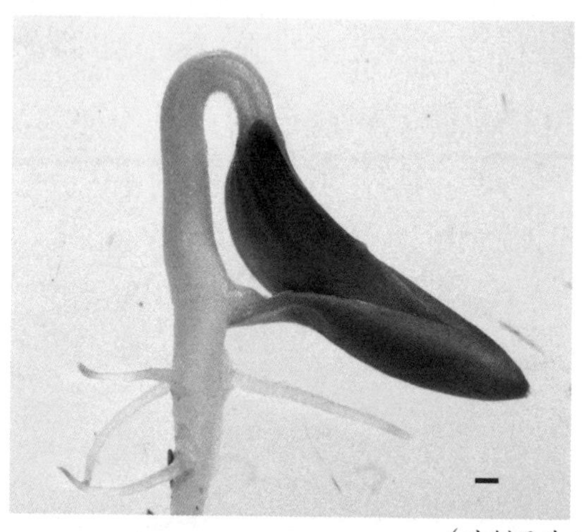

（比例尺为 1mm）

“钉子”正好挂住了种皮的状态。

种子会将坚硬的种皮挂在这个突起上，然后按压在土壤里，随后再将**胚轴**（子叶与幼根之间的轴）弯曲成拱状，使子叶从种皮中摆脱出来。如果这个过程不能顺利完成，子叶就会在破土后还夹在种皮里，很难迅速打开并开始光合作用。

发芽后，种子根茎交界处的细胞会将自己的生长方向弯曲90度，从而形成一个“钉子”。我们已经知道，在不会形成“钉子”的与重力相反的一侧，这个部位的细胞会沿着胚轴的方向纵向成长，而在会形成“钉子”的与重力相同的另一侧，则会与胚轴呈直角横向成长。突起也由此长成。

●黄瓜的“钉子”

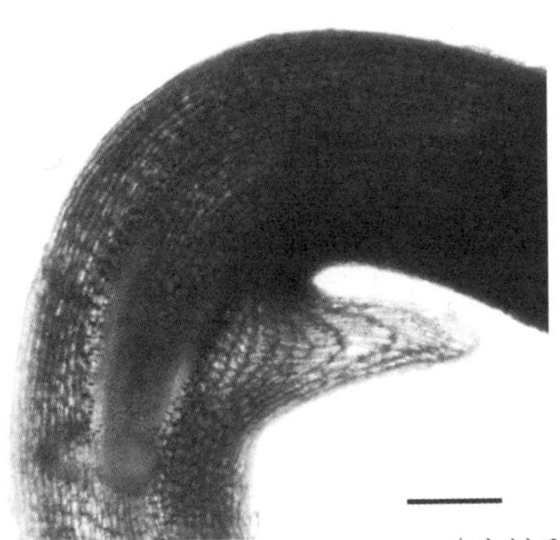

（比例尺为 1mm）

“钉子”形成部的纵断面。“钉子”长在根茎交界处。可以看到，细胞的生长方向发生变化，形成了一个突起。

细胞的周质微管和纤维素纤维的方向，决定着细胞的生长方向。我们已经知道，“钉子”形成时，如果细胞的生长方向想要发生变化，首先需要周质微管的方向发生变化。此外，若要形成“钉子”，一种由被称为“生长素”的植物激素所提供的信息也是必不可少的。

如何才能证明是“重力的影响”呢？

无论将扁平种子的哪一面朝下，“钉子”都只会在与重力方向相同的下方长出1个，绝不会在与重力方向相反的上方长出，所以这样的位置被认为是受到了重力的影响，也因此被称为“**重力形态形成**”。为了搞清种子是如何感知重力的刺激，以及如何去引导“钉子”的形成的，人们进行了更为深入的研究。

在进行生物方面的实验时，对照实验至关重要。“想要搞清重力的影响”时，需要将重力以外的所有条件保持不变，然后进行一组只有重力刺激不同的实验。这个就是“**对照实验**”。

但是，这种实验很难在地球上进行。在重力刺激总是相同的地球上，有时会使用一种叫“回转器”的装置进行类似实验。这是一种以相互垂直的两个轴为中心不停旋转的装置，这个装置内的植物，不会受到来自某个特定方向的重力刺激，但还是无法将其称为“无重力状态”。

向井千秋的宇宙实验中得到一种令人吃惊的“钉子”

人们很想知道，如果失去了重力的影响，“钉子”的形成会不会发生什么变化？于是，以日本东北大学的高桥秀幸教授为中心，研究人员计划了一项宇宙实验。其实，即使在航天飞机里，也无法得到一个完全的无重力状态，但其中的重力影响，已经是微乎其微。在1998年升空的一架航天飞机里，人们进行了黄瓜的发芽实验。宇航员向井千秋负责了这次实验。

●在地球上和宇宙中，黄瓜分别形成了两种“钉子”

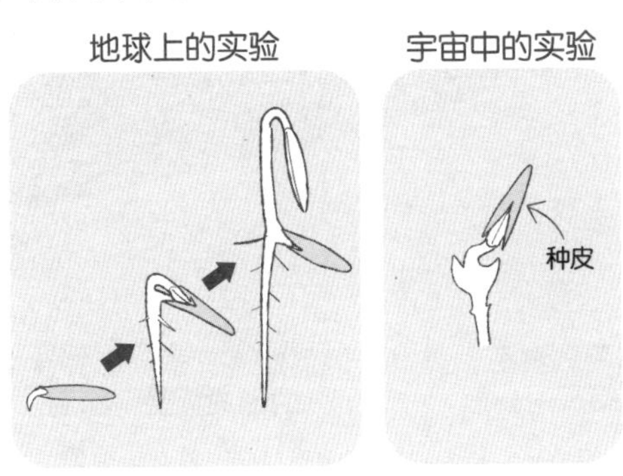

那么，在航天飞机里微乎其微的重力影响下发芽的黄瓜，会出现什么样的变化呢？实验结果几乎出乎了所有人的预料，十分令人吃惊。所有的发芽个体，都长出了2个漂亮的“钉子”。这也就是说，地球上的重力刺激，不是对与重力方向相同的下方的“钉子”的形成起到了促进的作用，而是对与重力方向相反的上方的“钉子”的形成起到了抑制的作用。这极大地改变了后续研究的方向。

这同时也是一个教训，它提醒着我们，我们的思考方式有时会在不知不觉间就出现了偏差。

● “钉子”形成的预定位置（Cryo-SEM 反射电子像）

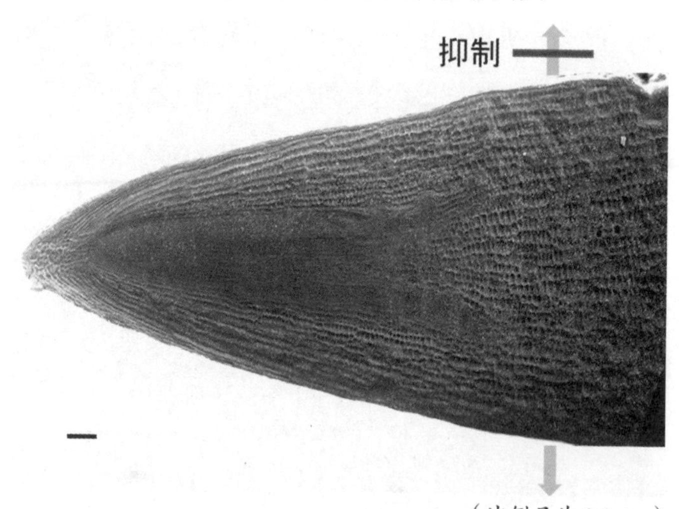

（比例尺为 0.1mm）

将种子水平放置后，重力方向侧的“钉子”会持续发育，而与重力方向相反的一侧，“钉子”的形成会受到抑制。

02 植物身上不可思议的“向重力性”

向重力性

植物的根会朝着重力的方向生长，茎则会朝着与重力相反的方向生长。可以感知重力方向的细胞，负责向可以改变方向的部位传递信息。

重力传感器的作用是什么？

想必你也看到过这样的场面：台风过后，被强风吹倒的大波斯菊第二天早上又从茎部中间站了起来。你或许会以为这是植物在追光，但通过实验，人们证明了即使在漆黑的环境里，植物的茎也会朝着与重力相反的方向弯曲生长。那么，植物是通过哪里，又是通过怎样的方式，得知了重力的方向呢？

有一种拟南芥的变异体，其茎部不会对重力作出反应，如果将其放倒，那它就再也站不起来了。经研究，发现其茎部维管束外侧缺少本应该有的细胞层。而拟南芥正是现代的**模式植物**（很适于研究植物的共同结构的植物）。

普通拟南芥这个位置的细胞里，都含有被称为“**淀粉体**”的质体（叶绿体的同类），里面含有颗粒很大的淀粉粒，同时，淀粉体也会朝着重力的方向沉淀。因此，淀粉体被认为是可以感知和传递重力方向的“平衡石”一般的存在。黄瓜等其他植物的身上也有着这样的结构。

●黄瓜胚轴的重力感知

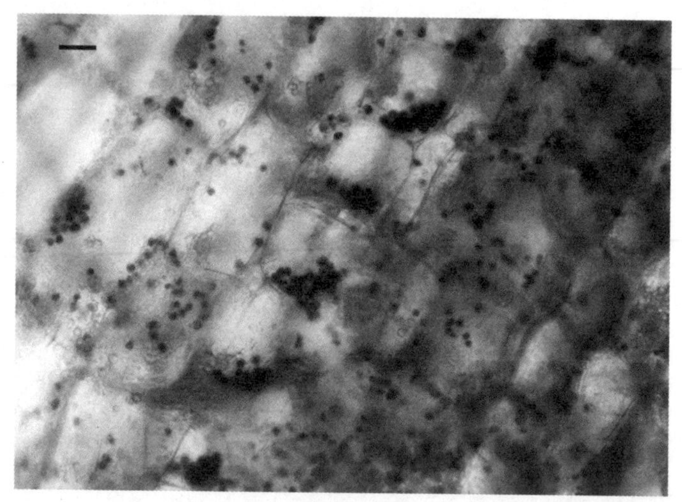

（比例尺为 0.01mm）

与维管束相邻的淀粉鞘细胞内的淀粉粒，正在朝着重力的方向沉淀。用碘液对淀粉进行了染色。

根的情况又是怎样的呢？主根可以感知重力的方向并

持续成长。根的顶端被一种叫作“根冠”的像是帽子一样的结构保护着，在根冠中央的位置上，也有着富含淀粉体（里面包含着淀粉粒）的细胞群。人们很早的时候就发现，这种细胞内的淀粉体也会朝着重力的方向沉淀（请参考114页的图片）。

在植物细胞内包含着的物质里，淀粉属于比重较大、较易沉淀的物质。这个通过日常使用的马铃薯淀粉（植物淀粉）很容易沉淀在水底的现象就可以感受得到。但是，包含有淀粉粒的淀粉体，也不是在任何细胞里都会朝着重力的方向沉淀的。淀粉体有时还会聚在细胞核的周围，有时也会散落在细胞内的各个部位。

只有为了感知重力而发生了一些特殊变化的细胞，其内部才有着淀粉体作为“重力传感器”去朝着重力的方向沉淀的结构。

“与重力方向相关的信息”是如何传递的？

植物通过根部顶端的根冠捕捉到“重力方向”后，需要将相关信息传递给会对此作出反应的部位（可以改变根部生

●拟南芥根冠的平衡细胞

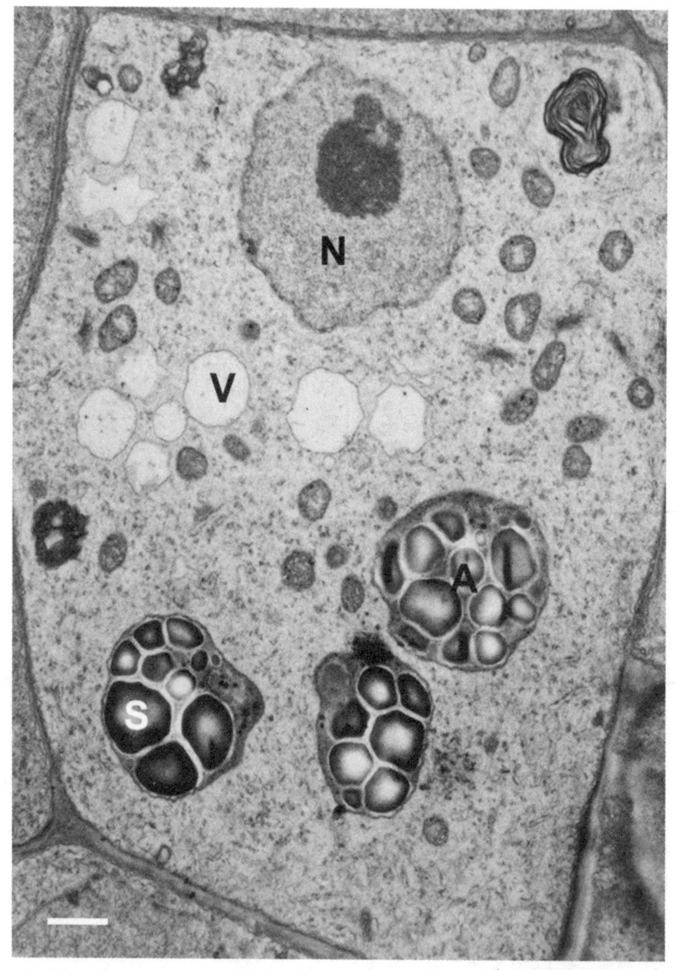

（比例尺为 1 μm）

包含了淀粉粒的淀粉体向重力方向移动。N：核；V：液泡；A：淀粉体；S：淀粉粒。

长方向的部位）。根的上面，在和根尖分生组织有些距离的地方，有一个细胞活跃生长的部位，通过那里，植物可以改变自身的生长方向。一种叫作“生长素（auxin）”的植物激素负责着相关信息的传递。“auxin”就是“成长”的意思，是一种促进植物生长的成长激素。

茎会朝着光的方向弯曲，也是因为同样的原理。原本生长素就是作为“将在顶端感知到的光的方向信息，传递给可以弯曲的部位”的物质被发现的。对这次的发现做出了贡献的荷兰的温特（1903—1990），当时还是一名年轻的学生，据他本人回忆，他在服兵役的间隙回到研究室里，在大晚上做实验的时候得到了这个发现。

为了传递信息，生长素需要在组织内部朝着某个方向移动，这种具有方向性的移动被称为“**极性运输**”。生长素进行极性运输的原理，也是在20世纪末使用拟南芥的变异体进行研究的时候被搞清楚的。人们因此得知，那些根部无法朝向重力方向进行弯曲的变异体，其细胞膜中缺少一种能够运送生长素的蛋白质。

人们随后还搞清楚了负责向细胞内输入或排出生长素的**转运蛋白**，植物可以通过将负责排出生长素的这种**转运蛋白**限制在细胞内的某一面，来改变生长素的移动方向。

●生长素的极性运输

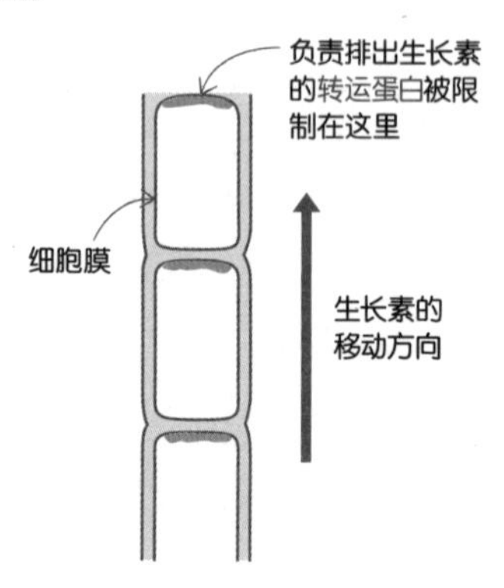

植物的弯曲是通过生长来实现的

那么，通过生长素完成了信息的传递后，植物的根或茎又是通过什么样的原理来实现弯曲呢？

这是通过“根或茎两侧细胞的伸长程度不同”来实现的，这种现象被称为“植物的弯曲生长”。请想象一下可以弯曲的吸管，就应该很容易理解了。当吸管的一侧收缩，另一侧伸长的时候，吸管就呈现出弯曲的状态了。至于具体将可伸长部位的哪一侧的细胞进行伸长，是由生长素来控制的。生长素是一种极其微小的量就可以发挥出作用的植物激素，有着最适合茎部细胞成长的浓度，它们如果适量存在，就可以促进细胞的伸长。

不过，最适合茎部细胞伸长的生长素浓度，如果出现在根部，反倒会抑制细胞的伸长。适合根部细胞伸长的生长素浓度要远远低于适合茎部的浓度。因此，根部通过“生长素浓度较高的部位的细胞伸长受到了抑制”，而实现了弯曲。

植物可以感知自己所处的外部环境，并随之变化为最适合这个外部环境的形状。植物的这种性质被称为“可塑性（plasticity）”。植物可以根据环境的需要，像塑料一样自由地改变自己的形状。

有着这种性质的植物，可以适应地球上的各种环境并实现自己的繁荣，同时也为包括人类在内的各种生物创造了可以栖息的基础。

●通过成长程度各不相同的“植物的弯曲生长”来实现弯曲

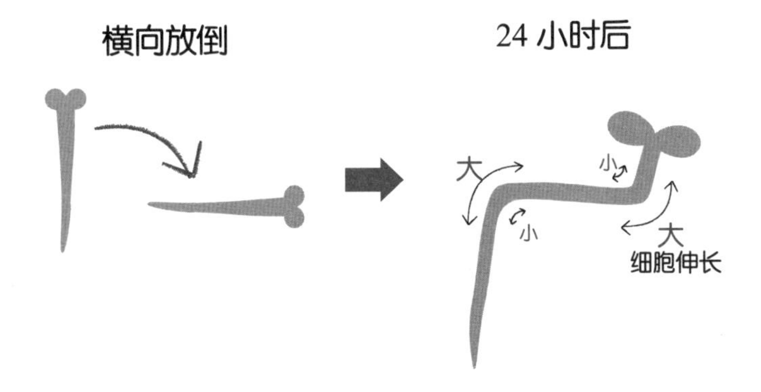

03 上了年纪也会“无限成长”的植物

无限成长

植物可以一直成长下去。顶端分生组织负责植物的纵向伸长，侧生分生组织负责植物的横向增粗。

永远在成长的植物

包括人类在内的所有动物在上了年纪以后就会停止成长。那么，树也是这样的吗？我们知道，即使是年纪很大的树，也可以一直保持着成长，它们的树枝会每年伸长一点点，树干会每年增粗一点点。人们用“无限成长”来表示植物的这种成长特征。这个说法强调了植物与动物之间的区别，那么它具体是什么样的原理呢？

即使长大之后，植物的根部和茎部顶端，也一直保持着和发芽时相同的分生组织。根部的话，越往顶端去，其组织就越年轻。移植盆栽的时候，可以看到，即使根的底部变成了褐色，它的顶端也还是白色的，充满了生机。在根的上面，位于其顶端的根端分生组织会不断地进行细胞分裂，新分裂出的细胞持续伸长，经过进一步的分化后形成根部组织。因此，越靠近顶端，其组织细胞就越年轻。

另一方面，地面上位于茎部顶端的茎端分生组织也会不停地进行细胞分裂，持续地形成叶子和茎。就像这样，植物只要活着，就可以不停地进行细胞分裂、细胞伸长，以及细胞分化，从而一直保持着成长。这与成长期结束后身体就会停止成长的动物们有着很大的不同。

保护根端要害的帽子——“根冠”

分生组织对于植物来说极其重要，但真正见过它的人应该不会很多。可能也有人在生物课上用显微镜观察过它们。

不过，在土壤里一直向下发展的根端分生组织，从来都不会外露，它一直被一种叫作“**根冠**”的像是帽子一样的结构保护着。根冠部分的细胞在土壤中成长的时候会不断地脱落，所以根端分生组织也会不停地分裂出新的细胞，对其进行补充。实际上，在根冠部分，也包含有能够感知重力方向的细胞。

随时准备着可以备用的分生组织

位于茎部顶端的茎端分生组织在任何一种维管束植物的身上都有，但它也被几片小小的嫩叶覆盖着，没有露在外面。在解剖显微镜下用镊子和小刀将那些嫩叶依次取下后，可以看到，越往里叶子就越小，像绿宝石一样闪闪发光的茎端分生组织直到最后才会显露出来。其直径大约为0.1mm，圆顶形。不过遗憾的是，并不能直接用肉眼看到。

在这里，细胞不停地进行着分裂，新的叶子和茎也由此产生。由茎端分生组织生成而来的叶子，起初只是一些小小的圆状突起。

野生的植物有时会因各种原因而失去这个如此重要的茎端分生组织，它可能会被动物吃掉，也可能会被动物踩断。为了应对这些突发状况，植物都随时准备着可以备用的分生组织。

那么它位于什么位置呢？就位于茎和叶子之间的叶腋处。那里备有被称为“腋芽”的分生组织。每片叶子的根部都有，所以数量相当多。它们一直在那里准备着，当茎端的分生组织遭遇不测的时候，它们随时可以顶替上去。

就像这样，植物们都有着万全的准备。也有方法可以观察到腋芽。例如，将卷心菜的叶子从茎部剥下一片，然后仔细观察其根部，那里应该会有一个小小的突起，那就是腋芽。用放大镜进行观察的话，说不定还能看到一个小叶子的形状。当植物准备开花时，腋芽会分化成花芽。

●貉藻的茎端分生组织

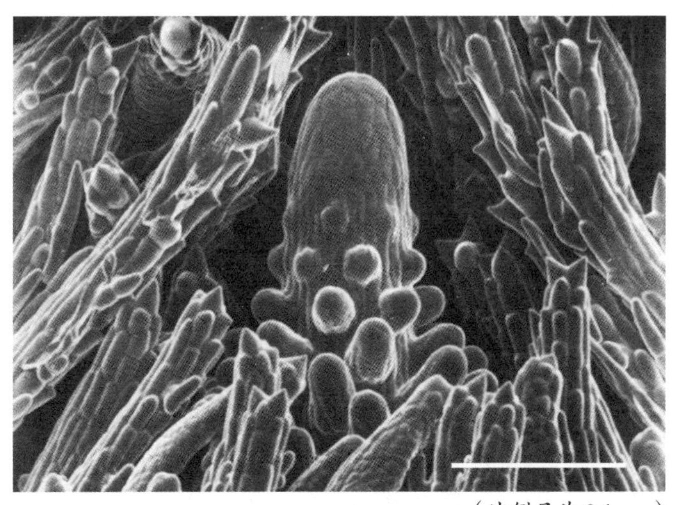

（比例尺为 0.1mm）

新的叶子会由这些突起物形成。

●玉米的腋芽

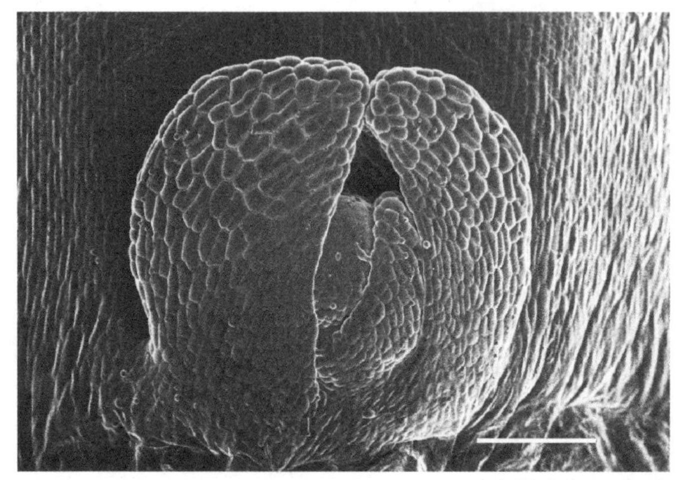

（比例尺为 0.1mm）

可以从嫩叶间看到圆顶状的分生组织。

先伸长再增粗

位于茎部或根部顶端的分生组织会一个劲儿地支持植物伸长。为了在地面上吸收更多的阳光，植物需要跟其他同类竞争谁的个子更高。另外，埋在土壤里的部分，为了吸收水分和养分，也需要不断地伸长。这样的伸长生长被称为“初生生长”。

不过，如果只是不停地伸长的话，植物会变得摇摇晃晃，细长的身体很难去支撑体重。于是，一种被称为“侧生分生组织”的负责增粗的分生组织也出现了，它们会帮助植物增粗。

这种增粗生长被称为“**次生生长**”。在包含有负责运送水和无机养分的导管和**管胞**的木质部，与包含有负责运送有机养分的筛管的韧皮部之间，形成了一个被称为“形成层”的分生组织。形成层不久会变成环状，然后继续进行细胞分裂。分裂出来的细胞会在环的内侧分化成木质部，在环的外侧分化成韧皮部。

就像这样，树木每年都会增粗，但新的木质部细胞，其大小会根据季节而有所不同，于是就出现了年轮。

环状的分生组织，还有一个另外的种类，即树皮下面的“木栓形成层”。为了能够覆盖每年不断增粗的树干表面，被称为“木栓形成层”的这个分生组织会不断地生出新的保护层。

●茎的增粗生长

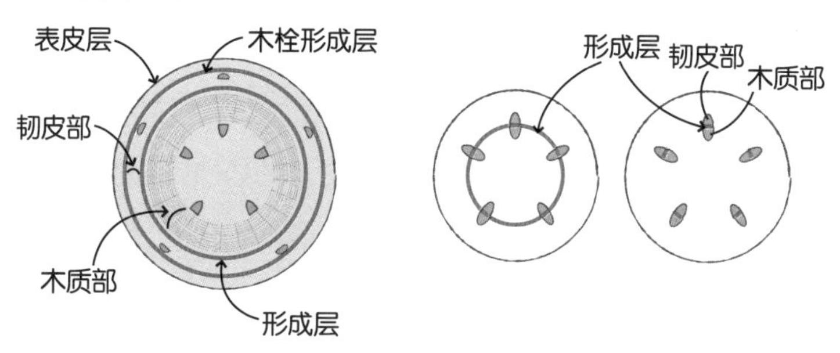

树干不会伸长

不过，每年都会增粗的树干部分是不会纵向伸长的。例如，我们儿时爬树时当成踏板踩过的那个树枝，它的高度到现在也没有发生变化。能够伸长的只有顶端的部分，由树枝顶端的分生组织所生成的新的细胞，会逐渐成长慢慢伸长，等到伸长生长结束后，就开始增粗。这个过程不断重复，小树就逐渐地长成了大树。

我曾在学生那里做过一个统计，发现竟然有许多人以为树干也是会伸长的。动画电影《龙猫》里，有一个小树不断成长，最后长成了一片森林的场面。这一幕给人留下的印象极为深刻，但从树木生长的科学的角度来看，其表现手法却可能会使人产生误解。

花了几十年时间才能够长粗的树木的木质部，可以被当作木材加工成木制品，也可以作为纸的原料，或者作为木柴或木炭等能源大展身手，实在是有着多种用途。当然，木材还是一种通过光合作用吸入二氧化碳后形成的碳的化合物，所以它们抑制全球变暖的功能也是非常让人期待的，因为全球变暖的罪魁祸首正是二氧化碳。

04 在贫瘠的土地上也能生存下去，豆科植物“根瘤”的力量

根瘤

细菌与豆科植物一起进行共生固氮的结构。通过根瘤，可以将占空气成分 80% 的氮转换为植物可以利用的含氮化合物。

将空气中的氮转换为可以维持生命的含氮化合物

一到四五月，埼玉大学的校园里就会开满巢菜的紫红色花朵。白车轴草也会在校园里四处建立起自己的群落，在不知不觉间进行着大量的繁殖。想必很多人都有着这样的回忆：编花冠、找带有四片叶子的三叶草、拿着白车轴草嬉戏。这些虽然说都是杂草，但它们为什么能在没有施肥的情况下就繁殖出这么多呢？你也会觉得很不可思议吧？

其实，这些都是豆科植物，它们可以通过一种叫作“**共生固氮**”的现象利用空气中的氮。

巢菜在花期结束后，会长出包着种子的黑色豆荚，这时很容易就可以看出它们是豆科植物了。白车轴草身上有许多小花，它们会组成花序。当一朵朵的小花变成茶色的时候，里面会长出小小的豆荚。这个不用放大镜来看，可能不太容易观察得到，但只要看到那些小小的筒状花里的成熟豆荚，也就能理解它们的确是属于豆科植物了。

此外，挖开土壤，还会看见巢菜和白车轴草的根上到处都长着细长的突起物。大豆或扁豆的根，则是球状的像是瘤子一样的形状。这些都是被称为“**根瘤**”的一种构造，里面含有大量的细菌，它们能够将空气中的氮固定下来转换成氨。氮虽然在空气中占据着将近80%的比例，却不能直接被植物吸收。它需要先被转换为氮肥，而氮肥的主要成分就是氨。如果通过工业的手段将氮转化为氨，就要消耗掉大量的能源。

那么植物为什么会需要氮呢？因为氮是氨基酸的原料，而氨基酸又可以组成蛋白质。跟动物组织相比，包含在植物组织里的蛋白质在比例上虽然很小，但是基于遗传信息而形成的蛋白质，对于细胞来说，仍是一种不可或缺

●大豆的根瘤

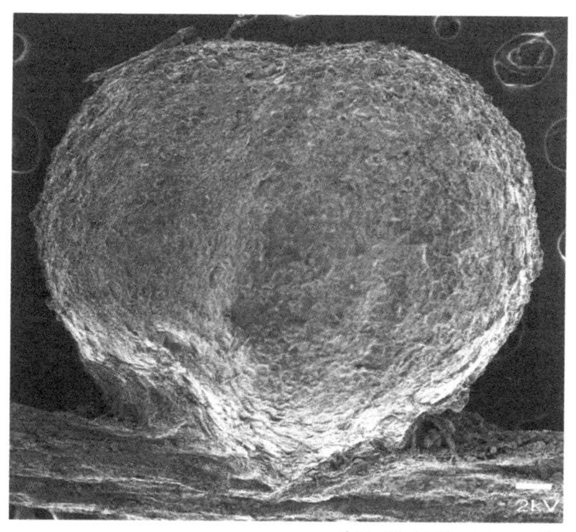

（比例尺为 0.1mm）

大豆或扁豆的根瘤接近于球形，豌豆、蚕豆或白车轴草的根瘤则为细长形。

的物质。

细胞内的各种反应都是通过由蛋白质组成的酶来进行的。植物虽然没有肌肉，但却有一种来自蛋白质的肌动蛋白纤维，这种纤维会在细胞内的各种物质进行移动时发挥作用。此外在植物的分裂周期内起着各种作用的**微管**也是蛋白质，负责在细胞膜之间输送物质的**转运蛋白**也是蛋白质。一般来说，土壤中是否含有可利用的氮，是判断这个地方是否适合植物生长的重要条件。

完美无缺的共生关系

豆科植物的根瘤具体是什么样的构造呢？土壤中的根瘤菌可以通过豆科植物的根毛进入细胞内部，然后刺激植物的细胞进行分裂，使之形成一个瘤状的突起，最后还可以将其中的细胞全部感染。这时，植物会向根瘤菌提供光合作用的产物“糖”，将其作为根瘤菌的营养来源，随后还会包裹住根瘤菌，并依次生成大量的共生体膜，为根瘤菌提供细胞内的容身之处。

根瘤菌属于细胞内共生体，但也被一层来自植物的薄

●大豆根瘤的感染区域的细胞（光学显微镜像）

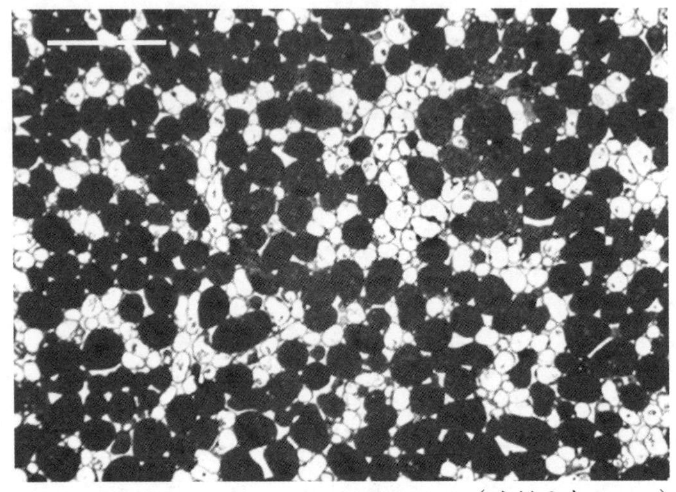

（比例尺为 0.1mm）

黑色的是被感染细胞，里面挤满了根瘤菌。白色的是非感染细胞，是液泡化的植物细胞。两种细胞会在某处连在一起。

膜隔离。根瘤菌在这里将空气中的氮转换为氨，随后将其交给植物细胞。在密密麻麻地塞满了根瘤菌的被感染细胞的隔壁，还有一些未被根瘤菌感染的细胞，它们可以将根瘤菌生产出的含氮化合物转换成可以运往植物地面部分的物质。这种根瘤菌与豆科植物的共生关系对双方都有好处，所以被称为“**互利共生**”。

切开挖出的根瘤观察一番的话，可以看到一直在积极地进行固氮的根瘤的断面呈血红色。造成这个颜色的原因

●大豆根瘤的感染区域的细胞（Cryo-SEM 反射电子像）

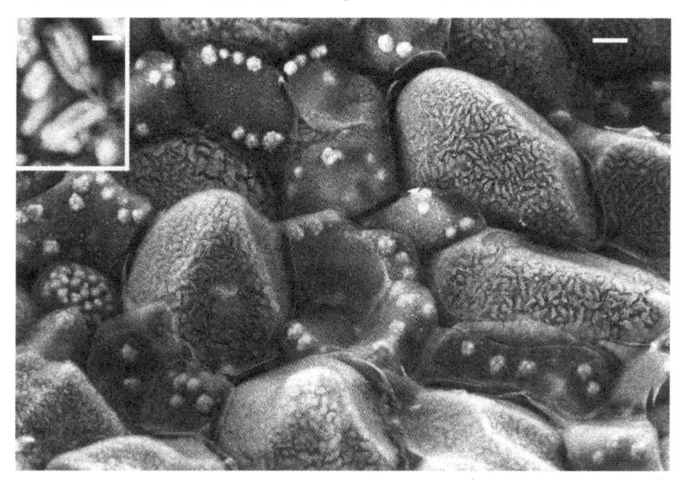

（比例尺为 0.01mm）

被感染细胞内有许多包含了根瘤菌的共生体。非感染细胞内，则是白色的淀粉粒引人注目。植物细胞不但会向根瘤菌供给糖分，还会生出共生体膜和血红蛋白，为根瘤菌提供便于固氮的环境。

白框内为感染细胞内被共生体膜包裹着的根瘤菌（比例尺为1μm）。

就是“豆血红蛋白”，其物质成分跟血液中的血红蛋白一样。这时你可能会想：“那为什么这种地方会有血红蛋白呢？”这是因为，根瘤菌用于固氮的一种叫作“固氮酶”的酶，对氧气会很敏感，于是植物为了保护其不受氧气伤害，就生产出了用以捕获游离氧的豆血红蛋白。

20世纪80年代我在威斯康星大学留学的时候，那里的生物固氮方面的研究十分活跃。我听说以前从生化学研究室分离提炼出的固氮酶总是确认不到活性，让大家都吃了一番苦头。后来才知道，那是因为只要一接触到氧，那种酶就会遭到破坏。

豆科植物的力量

即使是其他植物无法生存的贫瘠土地，豆科植物也可以侵入进去。在路边或河岸开阔地等处生长着的刺槐、在草丛或杂树林等处大量繁殖的葛，都是会长出根瘤的豆科植物。葛有着由3片大叶片组成的复叶，秋天会长出紫色的穗状花序。

自古以来，包含在葛的块根里的淀粉就被人们作为葛粉利用着，葛的根还是一种药材。整个冬天，葛都在土壤里储备营养，所以早春发芽后，它们的成长十分迅速，而且，由于也属于爬蔓植物，它们还可以爬在其他植物上面抢夺阳光。葛还有着可以进行固氮的根瘤，生存能力令人惊讶，很难将它们完全驱除。

这些可以进行共生固氮的豆科植物，作为粮食也很重要。我们平时吃的大豆、扁豆、豌豆、小豆、蚕豆等，都是可以在根部长出根瘤，从而对空气中的氮进行有效利用的豆科植物的种子。我们已经知道，栽培这些植物的时候，如果使用了丰富的氮肥，反而会抑制其根瘤的形成。在开花结果期，根瘤的有无会造成繁殖上的差异，所以不对它们使用氮肥，任其自然地长出根瘤，繁殖效率反而会更高。

包含在豆科植物种子里的营养和谷类的营养是互补的，所以世界各地都可以看到将谷类与豆类组合在一起的菜肴。例如，墨西哥菜里的墨西哥薄馅饼（玉米）和墨西哥辣豆汤（扁豆）的组合等，在现在随处可见的主打民族风味的餐馆里应该都可以品尝得到。

学习食虫植物“貉藻”的生长方式

貉藻

毛毡苔科水生食虫植物，濒危植物。浮游在水面之下，可以通过轮生叶顶端两片贝壳形的捕虫叶夹住猎物，从而进行捕食。

什么是貉藻?

貉藻是水生的食虫植物，有着6至8片成排的淡绿色轮生叶，漂浮在水面之下。在日本，是由牧野富太郎（1862—1957）于1890年在江户川河畔发现，并将其命名为“貉藻”的。

有人认为“貉”是“狸”的别称，但我认为这指的其实是“獾”。就像其他真正被命名为“狸藻”的水生食虫植物的形状跟狸的尾巴有些相像一样，貉藻的形状跟獾的尾巴也十分相像。

貉藻以前分布在日本各地，战后由于环境的变化而逐渐消失，埼玉县羽生市宝藏寺沼泽成为了其在日本的最后一片野生地。貉藻于1966年被指定为国家级自然保护植物。

●貉藻的花朵

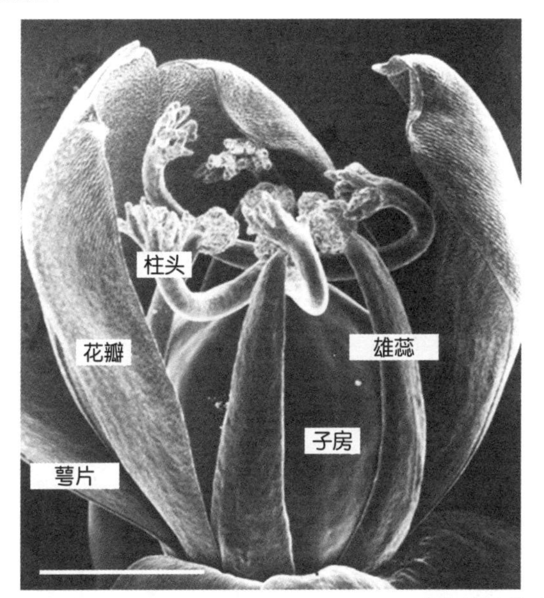

（比例尺为 1mm）

盛夏时遇见持续的高温天气时，貉藻就极少开花了。白天只开花 1 个小时左右，所以也被称为“幻之花”。雌蕊由鼓胀的子房和像手掌一样的柱头组成。

首先要恢复它们的生长环境

不过，刚被指定为自然保护植物，貉藻就因台风而出现了流失。从那以后，虽说是野生地，但在将近50年的时间里，那里的环境却越来越不适合貉藻生存。这期间，当地的保护协会对貉藻进行了栽培，并在每年的夏秋两季将栽培出的貉藻放生在野生地里。此外，羽生市教育委员会也在曾是一片水田的宝藏寺沼泽一带，定期进行着除草或沟渠清淤等管理。

●宝藏寺沼泽的貉藻野生地

与芦苇、香蒲、菱、浮萍、狸藻等共生共存的貉藻。

此外，从2009年开始，在文化厅的支持下，羽生市教育委员会实施了一项旨在恢复貉藻野生地的紧急调查。这

●貉藻的轮生叶

（比例尺为 1mm）

从茎部的一个位置可以长出 6 至 8 片的轮生叶。轮生叶顶端是两片像是贝壳一样的捕虫叶。当猎物碰上捕虫叶的内侧，叶片就会瞬间合拢。

些措施取得了成果，在宝藏寺沼泽越冬繁殖的貉藻越来越多，盛夏时节也可以看到它们开花的样子了。

通过紧急调查期间的活动，人们得知，为了使貉藻正常生存，最重要的是要维持一个各种动植物都可以均衡生存的环境，因为所有的生物都是由一个复杂的生态网络连接在一起的。关于生物间的相互作用，我们还有很多的地方没有搞清楚，但即便如此，我们也一边一点点地观察着环境，一边持续稳健地改善着环境。

2009年紧急调查刚开始的时候，在宝藏寺沼泽的沟渠里生活的主要是大量的牛蛙和蝌蚪，但现在那里的各类水生植物已经十分繁茂，貉藻的簇生区域也增加了许多。在保护貉藻持续繁茂的道路上，我们可能还要不断试错，但是貉藻数量稀少的样子，为我们传达了非常重要的信息。

什么是可供生物生存的干净的水？

“可供生物生存的水是什么样的水？”向小学生们这样提问，会有很多人回答：“干净的水。”也常能听到以下的说法：貉藻为了生存，需要大量的地下水，而且应该是“贫营养”的“干净的水”。不过，这里所说的“可供生物生存的干净的水”，到底是一种什么样的水？

说到底，生物的生存离不开能量，而能量的源头就是阳光。水里有一些浮游植物，它们可以通过光合作用将太阳的光能转换成其他生物也可以利用的形态。此外，还有以它们为食的水蚤等浮游动物和小鱼之类。为了使生物生存，水里应该至少有能供浮游植物利用的含氮化合物和磷酸。此外，貉藻并不是只能在“贫营养”的环境中生存，在营养充分的培养基里，也可以大量地培育它们。

可供各种生物生存的水，应该包含有适度的营养。不过，如果营养过剩，生态间的平衡也会被打破，情况会像多米诺骨牌一样恶化，最后造成一个无法供生物生存的环境。这让人深切地体会到，世间万物“平衡”才是最为重要的。

貉藻的捕虫叶的结构

貉藻的捕虫叶位于连在茎部的轮生叶的顶端，形状很像两片贝壳。捕虫叶的内侧有3种形状各异的腺毛。碰一下长长的触毛，刺激就会像电流一样传递给运动细胞，然后捕虫叶就会以迅雷不及掩耳之势闭合。据说这个动作是植物可以进行的动作中最为快速的。完成这个动作所需要的能量，也跟其他植物的情况一样，是由水分进出细胞时造成的膨压运动来提供的。

迅速捕捉到水蚤等水中的小动物以后，分布于捕虫叶中央区域的消化腺毛就会分泌出各种消化酶来分解猎物。这时，两片捕虫叶的边缘会紧紧闭合，从而避免消化酶从闭合的捕虫叶的缝隙中流入水中。人们推测，为了能够更加严密地合上，位于捕虫叶边缘的X型**吸收毛**可能发挥着作用，但其具体情况现在还未被解明。

消化猎物时，貉藻的捕虫叶就像是动物的胃一样。被消化的养分会经由捕虫叶被貉藻吸收。吸收的路径存在着

●貉藻的捕虫叶

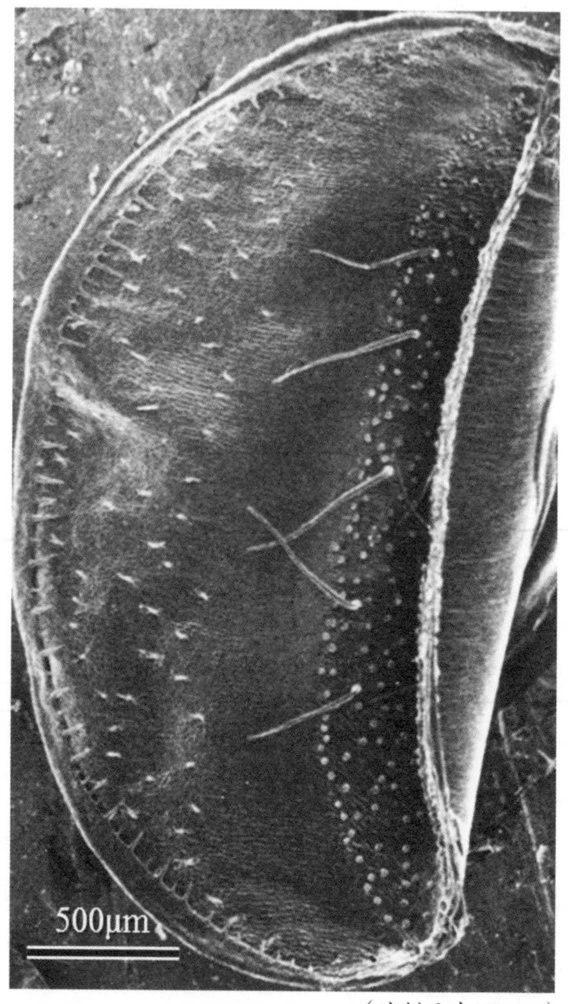

（比例尺为 0.5mm）

有 3 种腺毛。看上去像针一样的是感觉毛。

●貉藻捕虫叶上的腺毛

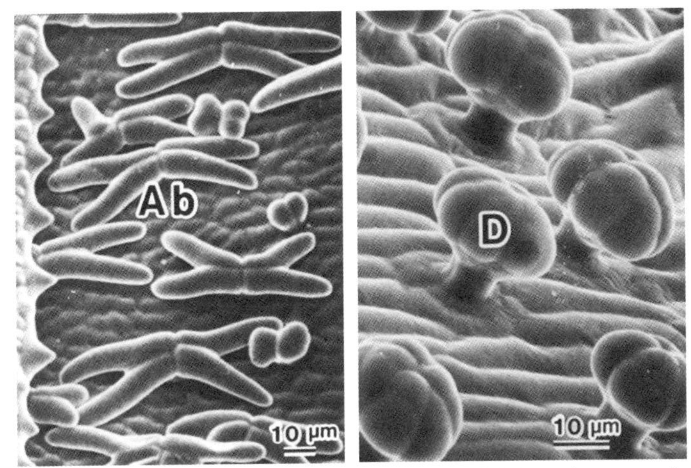

（比例尺为 0.01mm）

左侧为排列在捕虫叶边缘的 X 型吸收毛。右侧为分布于捕虫叶中央附近的消化腺毛，捕获到猎物后会分泌出消化酶。Ab：吸收毛；D：消化腺毛。

多种可能，但其具体情况也尚未被解明。捕到猎物的两三天后，当养分都被吸收完毕，像是两片贝壳一样的捕虫叶就会再次开启，重新等待着下一个猎物的到来。

食虫植物的构成

可以捕捉虫子来吃的食虫植物给人的感觉是，它们作为植物却有着一种相当特殊的生活方式，但其实，在被子植物的各个分支，都有食虫动物被进化出来。它们的捕猎方式和消化方式都各不相同，而且好像大多分布于含氮量比较少的贫营养地域。此外，它们自身也可以进行光合作用，所以只要体内的营养还算适度，即使不进行捕猎也可以生存下去。

顺便一提，跟貉藻在分类上最为相近的食虫植物，就是在园艺店里经常可以看到的捕蝇草了。它们也长着像是两片贝壳一样的捕虫叶，相信很多人都见过它们在触毛受到刺激后将叶片慢慢合上的样子。属于陆生植物的捕蝇草只在美洲大陆上被发现过，属于水生植物的貉藻则只分布于美洲以外的地域。有着相同结构的两种食虫植物为何分别分布于陆地上和水里呢？这个问题很让人好奇。

食虫植物用于捕捉猎物、分泌消化酶、吸收养分的构造，单看的话在许多植物的身上都有。因而可以说，它们是将自己本身就有的零件进行了巧妙的组合，从而打造出了一个从捕捉猎物到吸收养分都毫无多余之处的结构。

食虫植物身上还存在着大量的未解之谜，期待通过食虫植物的研究，我们可以看到更多还未被解明的关于植物细胞的普遍性结构。

第5章

那些不为人知“生物”的不可思议之处

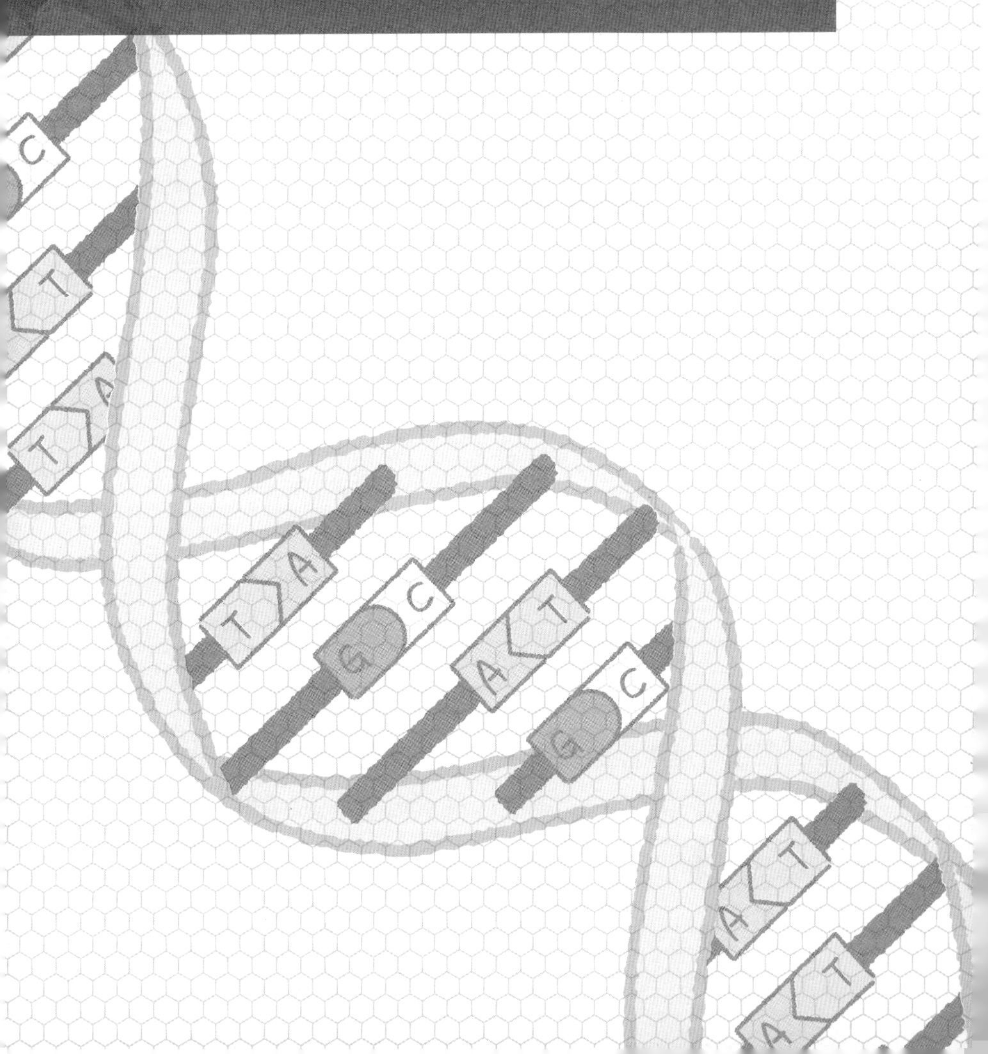

当我们用“血型”来判断危地马拉人的性格

“血型”

根据红血球表面蛋白质和糖链在构造上的差异来分类的血液的类型。除 A、B、O 这样的血型外，还有大约 40 种血型，总共可以分类出大约 400 种血型。

A型和O型占法国人口的9成！

A型血的人性格严谨，B型血的人我行我素，O型血的人豁达开朗……血型与性格有关的说法还真煞有介事地存在。但是，这种说法的科学依据却不存在。所以这可能是真的，也可能是胡说八道。

其实，这种根据血型ABO来判断性格的做法是从日本兴起的习惯。意外的，受日本的影响，这种习惯在韩国和中国逐渐扩散开来，最后连欧美诸国也不可思议地产生了对血型的讨论。

日本为何如此根深蒂固地认为通过ABO血型可以判断性格呢？放眼望去，全日本血型中A型占38%，B型占22%，O型占31%，AB型占9%，和其他国家相比，这四个血型在日本分布得相对均匀。4个日本人围坐在桌子四周，正当大家这也不是那也不是地局促时，如果4个人有着四种不同的血型，那气氛会渐渐热烈起来也说不定。通常，法国人的A型和O型基本各占了45%，这两种血型就已经占了全体的九成。

中南美的危地马拉，仅O型就占了95%，AB型则几乎是0。所以，如果是4个危地马拉人围着桌子坐的话，则全员都是O型。“你这家伙这么靠不住都是因为血型是O型吧？”“你这么一丝不苟是因为血型是O型吧？”像以上这些性格分析的情况就不会产生了吧。

●危地马拉人的对话场景是不是这样呢?

凝结反应就像机动队一样?

我们所知的血型分类是以“ABO式”来称呼的，一共有A，B，O，AB四种分类。我想大家应该经常在街上遇到有人大声呼吁着“AB型的血液不够了，请AB血型的人积极参加献血吧”这种情况。如果进行输血，血型匹配是必须的，如果输入了不一样的血型，最坏可能会导致死亡。

所以，血液到底为什么会不同呢？“血液是有个体差异的”这种现象最初被发现是在1900年。当时人们观察到，不同人之间的血液混合后，血细胞会集合起来凝结成块，形成“**凝集反应**”。从那时起，血液就被以血细胞和血浆液体的不同成分来划分，不同人之间的血细胞和血浆混合实验也在不断地进行着。通过这些实验，人们发现有些时候血液会凝结，有些时候血液不会凝结，进而可以将血液划分为不同的类型。这就是现在所谓的ABO式血型的产生。

这种血液的凝集反应是因为人体的生物防御机制将他人的血细胞当作异物来对待了。我们的血浆中存在着大量被称作抗体的蛋白质，它们时刻准备着防御外敌的入侵。一旦出现了敌人入侵的情况，它们就会将敌人的身体凝结起来，使它们无法动弹。之后，抗体们集合成团，形成了凝结。就像机动队为了控制住犯人，会让很多队员将犯人包围起来，让他们在中间动弹不得，抗体和机动队其实非常相似。

●血液分类

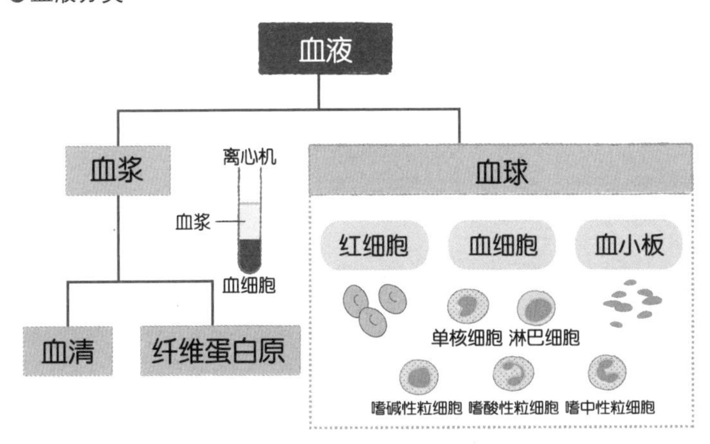

血型的差异就是糖链的差异

抗体会辨别自身没有的物质并产生结合。被抗体结合的物质就被称为抗原。抗体就是通过检测是否存在自身所没有的抗原，来划分这个红细胞是自己还是他人的。

那么，决定血型的抗原到底是什么呢？实际上，红细胞的表面，有一些糖链，它们之间存在着一些微妙的差异。糖链就是糖像锁链一样连结组成的结构。有的糖链笔直一根，有的糖链带有分支，分支之间还有着不同的构造。糖链之间的形态和性质都存在差异。

ABC血型的ABC

来说说红细胞表面糖链不同导致的ABO血型差异吧。首先最基本的是O型糖链形成的O型抗原。这不是O型人独有的，所有人都有。糖如何附加在O型抗原上，这决定了A型、B型的划分。酶是糖附加时必不可少的。存在A酶的人就会形成A型抗原，存在B酶的人是就会形成B型抗原。

然而，任何酶都不存在的话，那就是O型抗原本体。最后，AB型就是从母亲那边继承了A酶，从父亲那边继承了B酶（或者相反），像这样同时拥有A型抗原和B型抗原的情况。

红细胞表面是A型抗原结构的人，没有和A型抗原结合的抗体，却有着和B型抗原结合的抗体。根据这种原理，A型血浆会和B型细胞产生凝集反应。

输血时，如果给人输入了不同血型的血液，会产生很严重的后果，不过也有例外。O型血的人可以给A型和B型血的人输血。因为O型血的红细胞没有A型抗原和B型抗

●ABO 型的区别

A 型血细胞

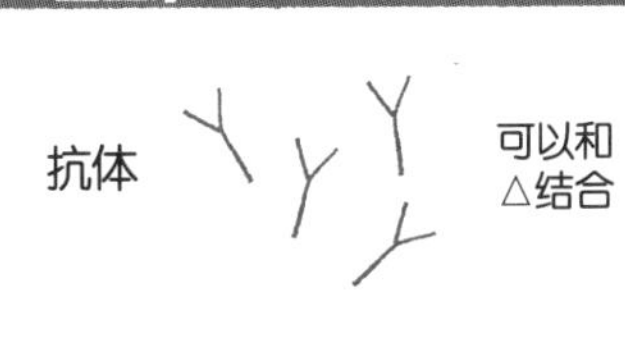

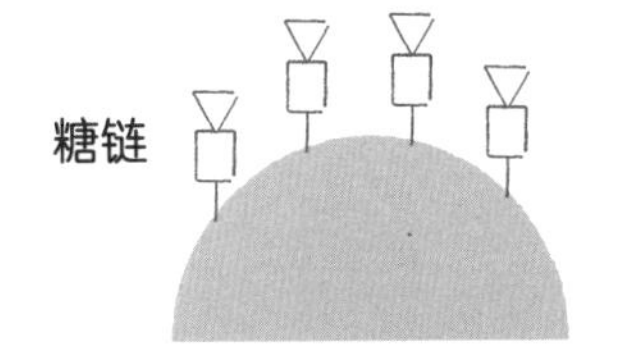

B 型血浆

O 型血细胞

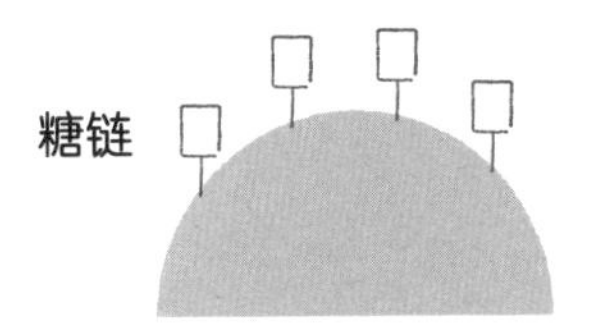

O 型血浆

AB 型血细胞

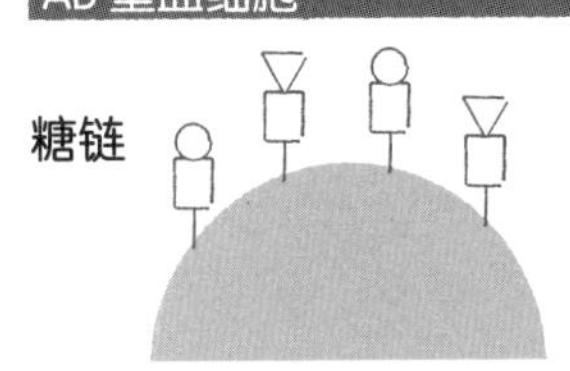

AB 型血浆

抗体　无

原，所以就可以避免被输血对象血浆中的抗体攻击。O型血浆中虽然也含有A型和B型的抗体，但输血中所含的量很小，虽然会产生反应，但影响不大。

A型和B型人的血液向AB型血液的人输血也是可以的。被输血的AB型中，既没有可以和A型抗原结合的抗体，也没有和B型抗原结合的抗体。因为在A型、B型的血浆中，抗体的含量微乎其微，会与AB型的红细胞产生反应，但不至于产生影响。但除非非常紧急的情况，否则这种异常血型的输血行为是绝对不允许的。果然，对于AB型的人来说，最好的还是AB型血。

02 保护人类身体的“体腔”

体腔

即中胚层的细胞层所包围的空隙，在动物身体中是指身体壁和内脏之间的空隙。

身体里空着的地方到底有什么用处?

观察身体的内部，总会有几部分让人怀疑它到底有什么用。盲肠就是其中之一，但更不可思议的是还有叫“**体腔**”的存在。它在日语中有“体空”的读法，是指身体里空着的地方。更严谨的说法是指由中胚层包围起来的空腔。

那么，中胚层是什么，是怎样的呢？真正的高等动物的身体，是由三个胚层（细胞层）发育而来的：外胚层细胞发育为皮肤和神经，中胚层发育为肌肉、骨头和心脏，内内胚层发育为胃和肠道。体腔是指中胚层包围起来的空腔，因此由中胚层发育而来的肠胃，它们的内部不属于体腔。

消化道和皮肤中间中空的地方都是体腔。这是因为，皮肤和消化道是由中胚层的结构组织紧密结合而成的二层构造形成的。体腔中充满了水分（体液），成年男子的体重中，60%被水分占据。这60%的水分中，40%是细胞中的水分，剩下的20%是体腔中的水分，所以身体的内部意外地还是存在着一些空隙的。

因为有了体腔，所以可以让身体“变大”

如果没有了体腔，身体会变成什么样呢？通常被称为“无体腔动物”的就是没有体腔的动物。举例来说，在清澈的河川中生长的涡虫，海边巨大礁石下栖息的星虫，这些都是属于无体腔动物的群属。

涡虫是一种就算把身体对半切开也能再生的有名生物，现实中看到过这种情况的人应该也是有的。像一个1～2cm长的箭头（⇨）一样的形状。星虫就是在海里栖息的蚯蚓一样的生物。从侧面看，它们的身体扁扁的，背和腹部像是连在一起的样子。由于它体内没有体腔，所以身体无法膨胀，看起来扁扁的。

体腔就像是在体内放入一个气球，它的优点是细胞的数量不发生变化也能够将身体大型化。但是，身体在大型化的同时，身体里的氧气和营养的循环也要更加积极地运行。为了这些，血管和心脏等组成循环系统的器官，要将体腔内的体液也进行循环，使身体内的环境能够调和直至统一的状态。

人类与海胆相似吗?

说到体腔的形状和形成方式，这些对我们生物学者是非常重要的。这与动物的分类息息相关。

首先，从形成的区别来看。体腔在胚胎发育初期形成，中胚层的细胞生成细胞块，其中会有小的空隙出现，在这之后，空隙就转变成了体腔，这种形式被称为**裂体腔**。拥有裂体腔的动物群属中包含了蚯蚓之类的环节动物和贝壳之类的软体动物，以及昆虫之类的节肢动物。

还有另一种形成方式。首先以一种被称为原肠的消化

●体腔形成方式的不同

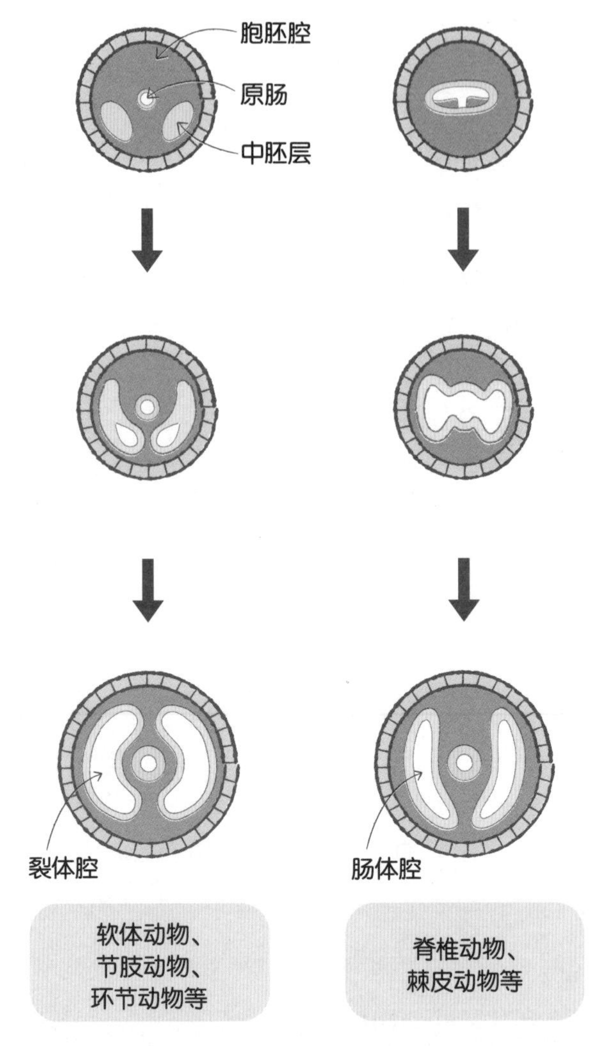

道为根基。这种原肠只有一层细胞层。原肠的一端开始突出，再从细的地方断开，形成空隙。这种被称为**肠体腔**的

群属中有包含人类的脊椎动物，以及海胆、海星之类的棘皮动物。

之所以说无脊椎动物中的海胆、海星和我们是相近的，是因为我们体腔的形成方式是一样的。海胆和人类，一眼看去，似乎是两个完全没有关系的生物，但却有相近的实质。因此，认知事物的本质，是一种非常宝贵的视角。

进化的等级由“心脏”的进化程度来决定吗

心脏

由肌肉组成的中空的泵。人类一般在一分钟有5.5升，一天约有8000升量的血液通过心脏被输送到全身。心脏分为心房和心室，不同群属的动物，心室、心房的数量和构造也有所不同。

“心脏”随身体的大型化而产生

所有的细胞都有获取氧气、排放二氧化碳的“气体交换”行为。这是因为细胞内要进行能量制造的呼吸作用。

体型较小的动物，可以通过体表分布的细胞直接进行氧气的获取（皮肤呼吸），氧气在体内扩散，就足以让所有的细胞进行气体交换，于是呼吸器官就没有特别必要存在了。

另外，如果体型变大，光靠皮肤的呼吸作用已经不足以将氧气输送到身体中心的细胞。因此，拥有庞大身体的动物，需要有腮或肺这种专门进行气体交换的器官。

但是，在腮和肺的周边虽然也能进行气体交换，可这类器官却无法为远处的细胞提供气体交换，于是以血管和心脏形成的循环系统就此产生。心脏跳动使血液流动，同时氧气和营养物质开始运输。心脏跳动停止的话，氧气就无法传递到体内的各个角落，细胞就无法进行呼吸，临终时刻也就到了。

也就是说，心脏是可以称为生命本身的重要器官。

心脏的功能进化

包含我们人类在内的哺乳动物的心脏，都是2个心房2个心室的构造。心房是暂时储存血液，并将血液输送向心室的器官。心室是拥有像泵一样的功能，将血液输送到全身。所以，心室可以说是心脏的主要部分。

我们一起来观察血液在人体的心脏中是如何流动的。首先，全身的血液通过上、下腔静脉，流入右心房。右心房再将血液推送至右心室，右心室的泵再将血液由肺动脉输送到肺，然后肺的毛细血管上的二氧化碳和氧气发生交换。大量含有氧气的血液，通过肺静脉到达左心房并

●心脏的构造和血液的流动

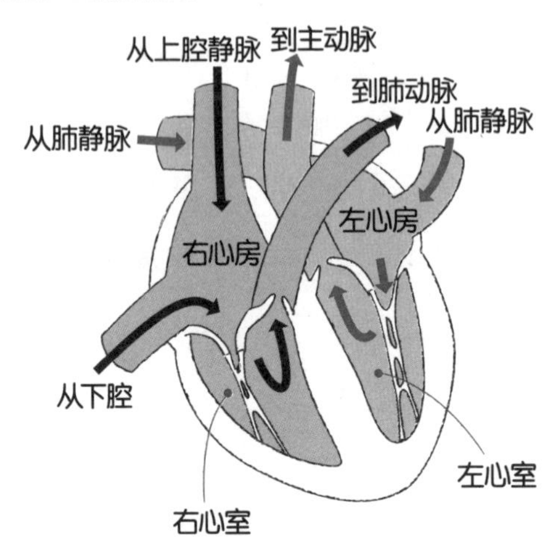

暂时停留，再由左心房的泵推送出去。在这之后，再通过主动脉到达全身各处的毛细血管，产生氧气和二氧化碳的交换。但是，在通过肺的毛细血管和全身的毛细血管时，血压会变弱。由于向肺部运输泵和向身体运输泵的双重动力，血压不会变弱，这是为了能向更有效率地进行氧气和二氧化碳交换而产生进化。

青蛙的心脏进化等级低吗？

那么其他脊椎动物的心脏构造是怎么样的呢？鱼的心

脏是1心房1心室，两栖动物是2心房1心室，爬虫类情况则有所不同，有2心房1心室的，也有2心房2心室的。

据此，从经过鱼类到两栖类到爬虫类再到哺乳类的进化过程来考虑，心脏的复杂程度，也随着脊椎动物的进化而高度进化，这是显而易见的。因此，是否能够肯定地说我们人类的心脏就是最优的泵呢？首先，我们来看一下青蛙（两栖类）的心脏吧。青蛙拥有2心房1心室，血液由全身进入右心房，由肺进入左心房，二者同时进入同一个心室。之后，再由心室通过主动脉和肺动脉这2个方向分别推送出去。

由此看来，含有氧气的新鲜血液和全身循环后的旧血液都在心室里混杂着，青蛙的心脏因此一直被认为是“循环效率差的心脏”。作为较为低级动物的青蛙，心脏也被划分为劣等心脏。

但是，通过详细的调查研究表明，它的效率不仅不差，反而显示出独特的机能。

首先，由2个心房涌入的血液，在心室中的循环并没有混杂。在出口的附近，装备着螺旋瓣膜，心室内的两种血液，被诱导着流向了各种不同的出口。

为了适应水陆两栖的生活方式，青蛙拥有着独一无二的心脏结构。在水中无法用肺呼吸的情况下，可以减少由心室流向肺部的血液。相对的，也可以增加流向全身的血液量。也就是说，血液循环不通过肺部，由皮肤呼吸来提供氧气，这样血液中的氧气就不会白白浪费了。如果像人类一样有2心房2心室的话，要使血液不流入肺部，全身的血液流动就得停止。用小灯泡和两节干电池的回路来试着比喻，青蛙的心脏是干电池并连，人类的心脏是干电池串联。像这样，青蛙之类的两栖类为了适应两栖生活而独自进化出了独特的心脏。

和最先进的技术相比，适合的技术更佳

同样的，鳄鱼的心脏也有着自己独特的构造。鳄鱼和人类一样是2心房2心室。人类的心脏是从右心室开始，通过肺动脉的延伸来和肺连接的，鳄鱼是从右心室开始，通过肺动脉和主动脉两条开始延伸。据此，鳄鱼在陆地活动的时候，来自右心室的血液不会流入主动脉，而是通过肺动脉用肺进行呼吸。进入水中后，瓣膜关闭，血液从右心室流向大动脉。换句话说，不通过肺，只通过心脏的右侧进行全身的血液循环，使血液中氧气的利用更有效率。

由此可见，拥有复杂身体的高等动物，也不是对所有

●脊椎动物心脏的形态和循环系统的关系

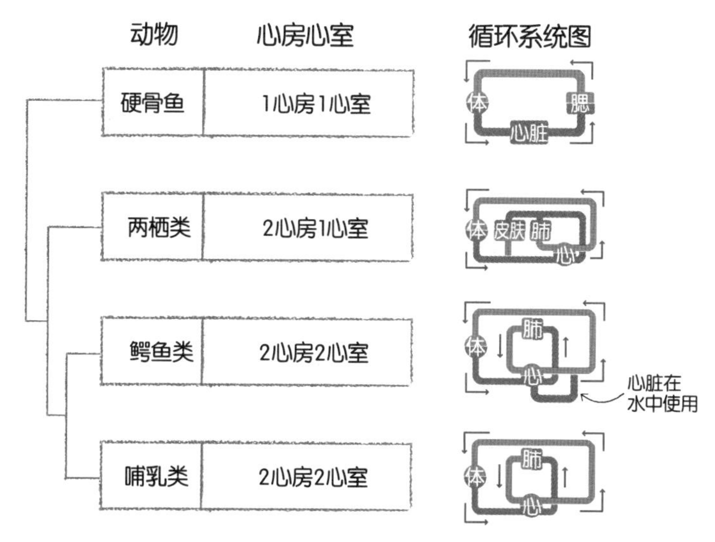

环境都能完美适应的。以针对化的身体构造来对应相对的环境，从进化的角度看来是低等的物种，但绝不能说就是劣等，青蛙和鳄鱼的心脏就充分说明了这一点。

例如，拿人气商品iPhone来说，也不一定是将所有最先进的组件全都组装在一起而成的，而是为了让用户方便使用，高明地组装出的优秀产品。进化也好，技术也好，“适合”才是最重要的。

04 为什么存在各种各样的“植物细胞形态”

原生质体

由植物细胞的细胞壁被细胞壁分解酶分解后产生。被细胞膜包裹，周围渗透压高时呈球状，渗透压低时破裂。

细胞壁和液泡的关系

植物的细胞有各种各样的形态，最常见的是细长的圆柱状，还有拼图状的，或者像四角锥一样四处凸起（海绵状组织细胞）的细胞。

包裹着细胞的细胞膜是一种和肥皂泡一样，形状自由变化，有一定的自由度的物质。细胞壁在比细胞内部液体渗透压更高的液体中被酶分解后，会呈球状，被叫作**原生质体**。

举例来说，叶肉细胞产生的原生质体最外层是细胞膜，里面充满了绿色的叶绿体。在显微镜下观察，能看到一个个绿色的小球在咕噜咕噜不停地转动着。之所以是球状，是因为球状是物理中最稳定的形状。

那么，怎样才能使这样一种球形的原生质体被细胞膜包围成柱状或拼图的形状呢？我们把球状的原生质体当成气球来考虑，那么膨胀的圆形气球，该用什么方法才能将它变形成细长的形状呢？在试着询问学生后，出现了“将它挤压进矩形盒子里”和“用绳子一圈圈缠绕”等充满趣味的答案。事实上，植物细胞的形状变化方式与学生们想到的方法，有许多相通之处。

●蚕豆的原生质体

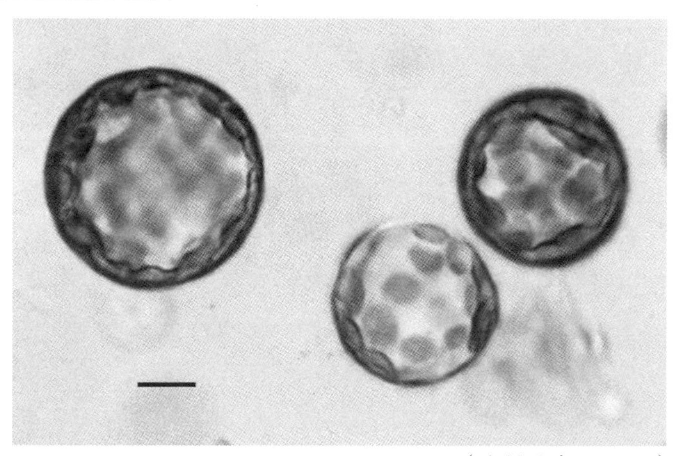

（比例尺为 0.01mm）

叶肉细胞的细胞壁被酶分解后就形成被细胞膜包裹着的原生质体。

●黄豆的叶

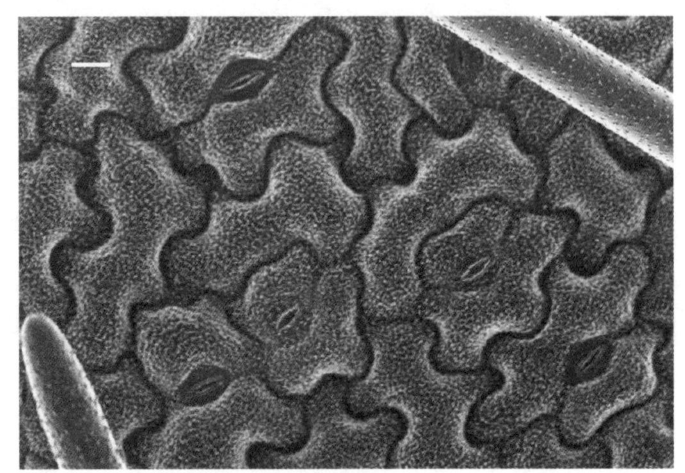

（比例尺为 0.01mm）

表皮细胞像拼图一样拼合，还能看到有气孔。

支撑植物的膨压

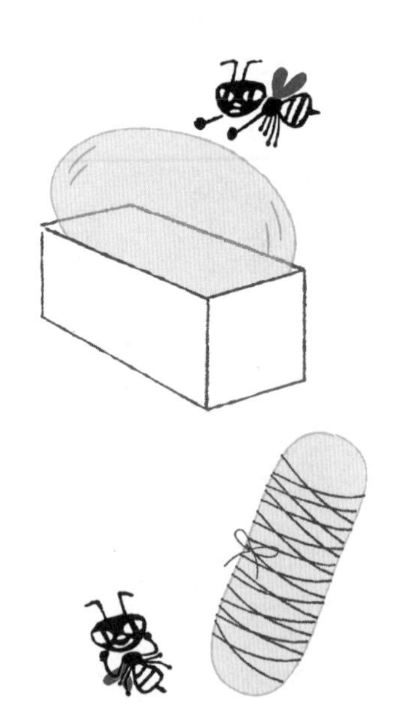

细胞壁的主要成分是一种叫纤维素的纤维，纤维素由葡萄糖像锁链一样连接而成。这种纤维朝着何种方向排列决定了细胞的延伸方向。试着把纤维素纤维像绳子一样一圈圈地捆起来，捆绑的方向就无法变大了。相对于纤维素纤维的排列方向，垂直于纤维的方向才能够延伸变长。

植物细胞的细胞壁，在纤维状纤维素的间隙里埋着一些半纤维素的多糖类成分，看起来就像“壳”一样。植物细胞的细胞膜里大部分被一种称作液泡的结构所占据，它看起来像一个充满水的袋子。液泡吸水后就会膨胀，这种膨胀力就是细胞成长的原动力。

细胞吸水膨胀的时候，纤维素纤维的排列方式和细胞壁的硬度决定了延伸的部位和方向。为了抵抗膨压，细胞壁的硬度决定了细胞变大的上限。

膨压是支撑植物体的重要机制。细胞内的水分减少到膨压无法保持的时候，细胞也会变成干瘪的状态。给因为忘了浇水而疲惫瘫倒的植物匆忙地浇上水后，植物惊人地猛然恢复，这种情形在日常应该也经历过吧。这是因为细胞里的膨压恢复了。

微管的功能

在植物细胞分裂的各个阶段，一种直径大约只有24mm的细微管道（微管）十分活跃，在细胞分裂前，它会在分裂面出现，干预染色体的移动。在此之后，它还会影响新细胞壁的形成。

细胞分裂结束后，细胞进入成长阶段，微管直接排列在细胞膜的正下方，这种状态被称为周质微管。为了能控制新的细胞膜上形成的纤维素纤维的方向，这种周质微管的排列方向是非常重要的。

举例来说，原本应该是细长圆柱状的细胞，用药品处理过后，微管被破坏，细胞就会变成球状。没有微管的话，纤维素纤维的方向将杂乱无章，失去规则性，从而无法限制细胞的形状。

像叶的表皮细胞一样的拼图型细胞在连接的时候，变细的部位分布了很多的微管，与这些微管相近的部位也有纤维素的产生。

因此，细胞的这种凹陷是纤维素纤维紧密排列，经过一圈圈缠绕得来的结果。粗的部分是作用不到的部位，这种纤维素纤维的朝向和密度是细胞膜内部周质微管排列所决定的。

规则排列的神秘的玫瑰花形构造

棉花是从棉种中取出的，其主要成分是纤维素。用电子显微镜观察棉种细胞中由大量纤维素合成的细胞膜结构就会发现，细胞膜中存在特有的粒子构造。在20世纪70年代时，同样的构造在棉以外的其他植物中也被观察到，而且还发现了更详细的构造：6个一组微小的粒子有规则地排列成玫瑰花一样的形状，所以被称作**玫瑰花形构造**。

●细胞膜的截断面看起来是玫瑰花形

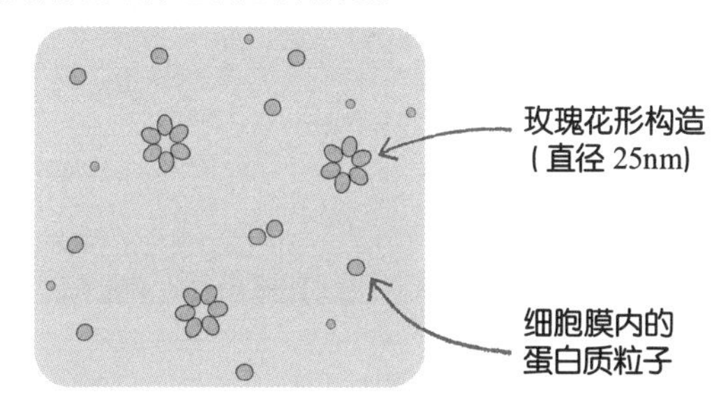

这种玫瑰花形构造据推测与纤维素的合成有关，之后在相关研究中得到证实。在细胞膜中间规则地排列着，只能用电子显微镜才能看到的小小的玫瑰花一样的构造，我认为它能够激发我们的想象力，且十分有魅力。

目前认为，由于纤维素是沿着细胞膜下方的周质微管的轨道一边移动一边合成的，所以产生了一玫瑰花的构造。这也使合成的纤维素纤维的朝向和微管的朝向一致。

这种构造形成的纤维素，被认为是地球上最多的高分子。作为纸和棉花的原料，是人类生活中不可缺少的物质。而且维持人类肠道健康所必需的膳食纤维也是一种纤维素。

05 创造出红叶与花色的“液泡和质体”

液胞和质体

液胞里有水溶性花青素，质体里有脂溶性类胡萝卜素。红叶和花的颜色就是因为这两种成分不同的色素所调和出的。

红叶装点秋天的原理

绿叶背景中五彩缤纷盛开的花朵，勾引食欲的蔬菜和瓜果，装点秋天的红叶……植物的组成色是多种多样的。从明亮明快的色调到复杂的混合的微妙渐变，植物多样的颜色是如何被创造出来的呢？

先说一说秋天的红叶吧。深秋来临时，柿叶和樱叶都被染上了或红或黄或橘的颜色。将红叶收集起来后，研究一下那些变了色的落叶，单片落叶也混杂了各种各样的颜

●红叶的构造

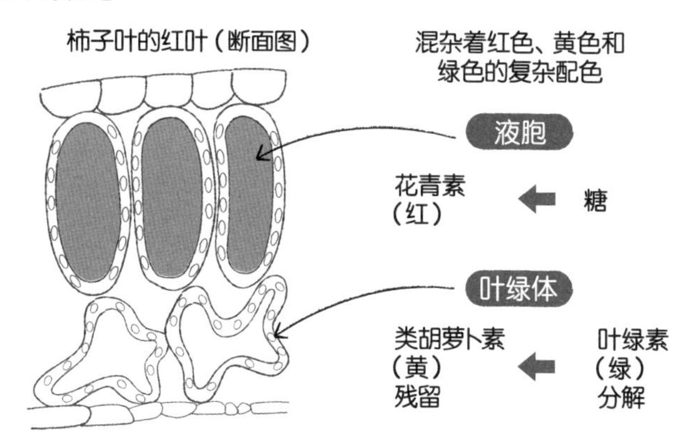

色，呈现出了复杂的颜色变化。观察叶子的反面，颜色又和叶子的正面有所不同。更何况每一片叶子的配色都是不同且独创的。想要找到两片颜色样式完全一样的叶子是相当困难的。

红色、黄色又或者混杂着绿色的柿子叶用剃刀切成薄片放在显微镜下观察（参照上图）。叶子上进行光合作用的细胞有两种。叶子表面呈栅状排列的细胞全体都是红色的。占这种细胞大部分体积的液泡中蓄积着一种叫作花青素的红色色素。

接近叶子背面的部分分布着海绵状的细胞里，排列着一些黄色的颗粒结构。根据细胞的不同，有些细胞里的颗粒还是绿色的。这就是进行光合作用的叶绿体在落叶前，绿色色素的叶绿素被分解，变成了黄色。

黄色的色素是叶绿体中一种被称为类胡萝卜素的色素，但被叶绿素的绿色所掩盖，因此无法被观察到。

任何植物细胞都包含有叶绿体或它的同伴，根据细胞的发育阶段和作用的不同，会变化成各种各样的形态。不管是含有淀粉粒的淀粉体，含有红色或黄色色素的有色体，还是不含任何色素的白色体，都是叶绿体的同伴，统称为质体。叶绿体会变成有色体，也会变成淀粉体。因此，红叶的微妙色调，是由液泡中积蓄的花青素，质体中的黄色类胡萝卜素和残存的绿色叶绿素混合形成的。

就用我在美国威斯康辛州的麦迪逊度过的大学时代来说明，“那里的夏天热得能把人‘煮熟’，冬天又冷得快把人‘冻死’，中间各有一周的时间为秋天和春天”。在这么短的秋天遇到的红叶，颜色非常鲜艳。短暂的秋天里会一直持续晴天，然后气温骤降至结冰。好天气时光合作用在液泡里积蓄的糖，在急剧下降的气温里转变成了鲜红的花青素。

花让人心情舒畅的颜色从何而来?

接下来，我们一起来了解花的颜色。在植物图鉴中，大多是以花的花色来分组。白色的花，黄色或者橘色的花，红、紫、青色的花。

细胞中颜色的产生，与红叶的原理基本是一样的。红色、紫色、青色的花大多数是因为占花瓣细胞体积大部分的液泡中含有红色或青色的花青素。如果是黄色的花，细胞中能看见很多的黄色粒状结构。这种被称为有色体（叶绿体类），其中含有类胡萝卜素。

事实上，在大部分情况下，液泡和叶绿体类有色体中的某一方会带有颜色。但和红叶一样，液泡和有色体两者都有颜色的情况也是有的。举个例子，法国万寿菊的花瓣

●红辣椒的细胞

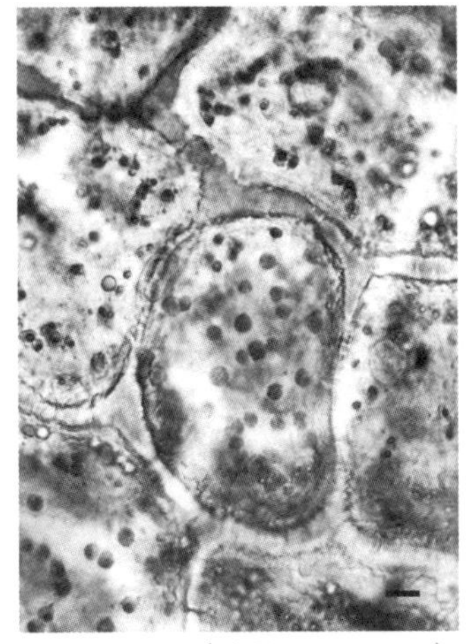

（比例尺 0.01mm）

能见到大量的红色粒子。叶绿体变成了红色的有色体。

●百日草花瓣的细胞

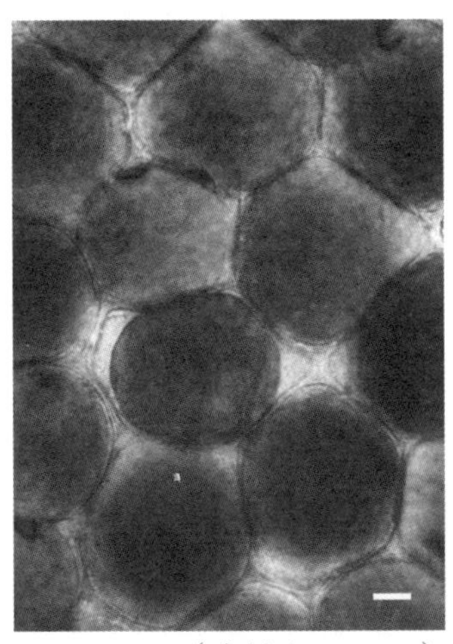

（比例尺 0.01mm）

粉色舌状的花瓣细胞液胞里充满深粉色。

混杂着黄色和红色，有些还能看到有橘色的部分。观察细胞就会发现，含有花青素的液泡和含有黄色类胡萝卜素的粒状有色体两方同时存在着。液泡里的花青素是水溶性的，有色体里的类胡萝卜素是脂溶性的，二者的区别在此。

大家小时候应该都玩过“颜料水的游戏”吧，牵牛花的颜色很容易溶在水中，这就是水溶性。如果将胡萝卜进行烹饪，胡萝卜本身的橙色会融到油中，这是因为类胡萝卜素是脂溶性。

类胡萝卜素除了黄色和橙色以外，还可能呈红色。液泡为红色或粒状有色体为红色这两种情况都有可能是花呈红色的原因。深红的玫瑰通常是红里透黑的颜色，这是由液泡里的花青素决定的。相对的，稍显橙色的红玫瑰是因为有色体里含有类胡萝卜素。黄色的花可能是因为有色体里含有类胡萝卜素，也可能是因为液泡中含有黄色水溶性的甜菜素，不过甜菜素目前还并未被研究透彻。

还有“结构色”这种特别的颜色

花瓣细胞表面的构造也是决定花色的要素之一。用电子显微镜观察仙客来的花瓣表面会发现布满了细微的条纹。这种条纹和光线相互作用会产生微妙的光泽和颜色的变化，这种现象被称为结构色。白色春紫菀的花瓣表面也布满了这种条纹。

花的颜色本来是为了招引昆虫来搬运花粉而想方设法演变出来的，但是，无论大人还是小孩都会因为美丽的花朵而心情舒畅。“越南战争结束时，广场上五颜六色的卖花处让我真实地感受到了和平”，在某个专栏读到后，这句话就一直留在我的心里。

●仙客来的花瓣

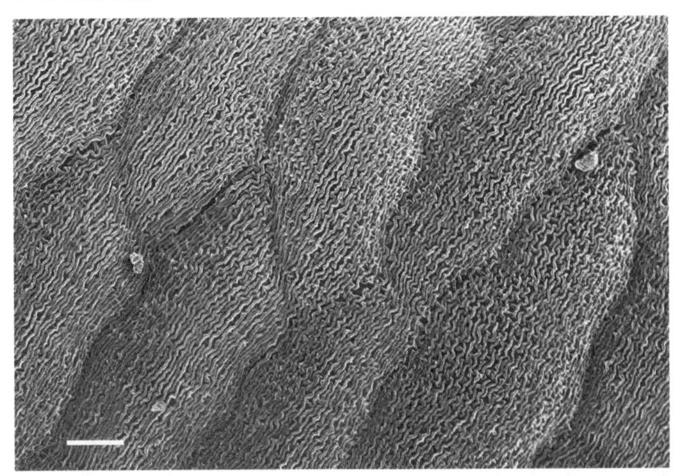

（比例尺 0.01mm）

表皮的表面上布满了细小条纹。这就是构造色独特光泽的要因吧。

第6章

支撑“生物学”的法则和发现

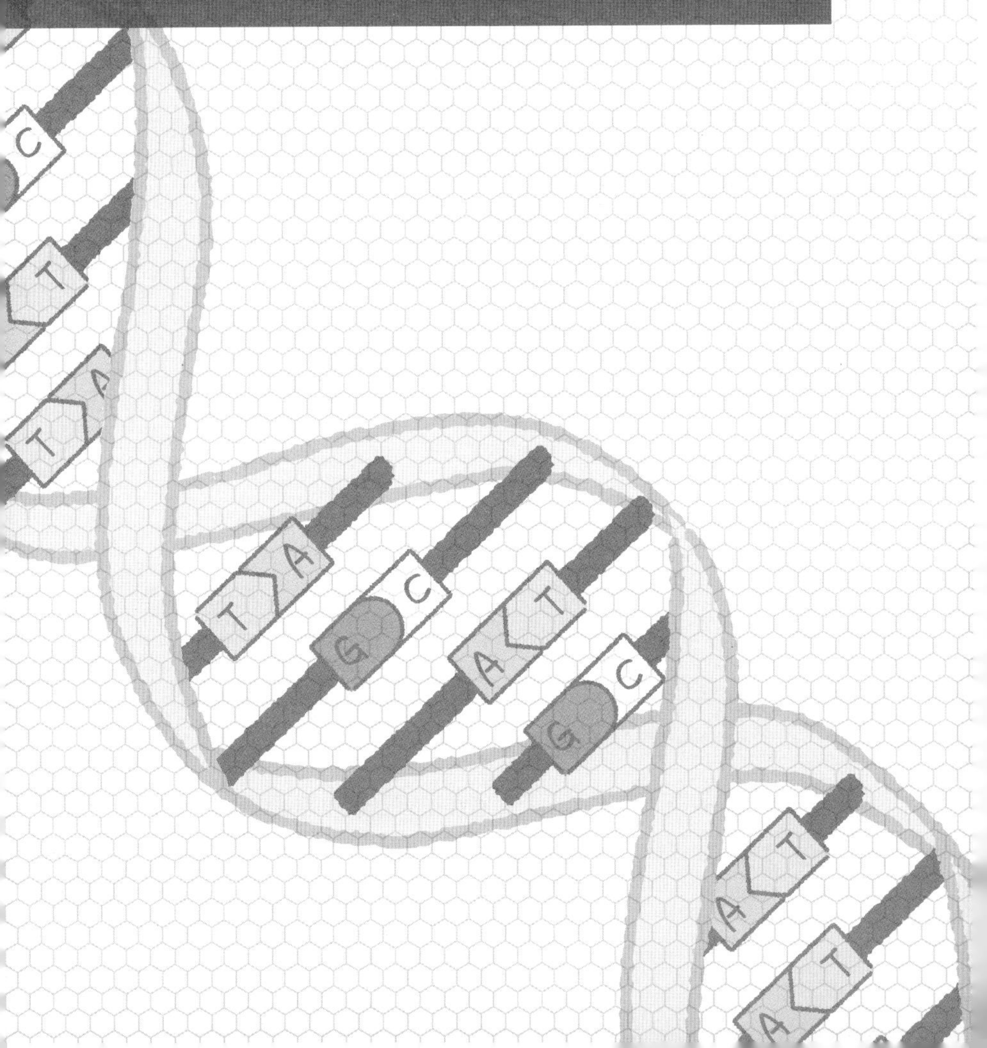

01 通过“等位基因”来解开遗传之谜

相对性状

个体的形状和特性有明显的差异。交配后，后代只会表现出其中一种特征。以豌豆的圆粒和皱粒最为有名。

很久之前就开始了对遗传的研究

从“龙生龙，凤生凤”“种瓜得瓜，种豆得豆”这类谚语中就能看出，双亲的血型、肤色、身高、体重之类的基因将会遗传给子女。无论在任何时代这都是双亲最关心的大事。也就是说，以前的人也注意到了遗传现象的存在。

实际上，父母的基因是怎样遗传给孩子的，这种研究从很久以前就开始了。研究者们通过宠物和家畜的身高、体重和毛色等粗浅的基因来研究遗传。

但身高和体重不仅是遗传决定的，也会因为生长环境发生很大变化。举例来说，像狮子一样群体行动的动物，族群中有社会性，就算食物种类相同，也未必吃得一样多。毛色是由许许多多遗传基因错综复杂决定的。也就是说，仅从子嗣的形态来研究的话，每次得出的结果都不一样，这样是无法找出“遗传根基”的。而在那个许多研究者都在不断摸索试错的时代里，有一位叫“**孟德尔**”的人推导出了一个强而有力的理论。孟德尔也和其他的研究者一样，对遗传的原理产生了浓厚的兴趣，他实验调查了各种各样的动植物的生育，研究了它们的遗传性状。孟德尔是农民出身，之后在当地的学校学习，有过学习饲养蜜蜂和栽培果木的经历。经过了多次的动植物实验后，他最终进行了豌豆遗传实验。豌豆的使用，是得出遗传法则的关键性因素。

使用豌豆的优点

豌豆是豆科植物。豆科植物可以在花不完全开放的情况下自花授粉，许多市面上的豌豆品种都通过了自花授粉进行品种改良。自花授粉在孟德尔进行豌豆实验时提供了非常大的优势。

首先，自花授粉是自己的雄蕊和雌蕊进行授粉受精，这样有利于“纯种（纯合子）”的建立。其次，因为不开花，所以不用担心其他雄蕊的入侵。因此，可以在成熟前将花中的雄蕊切除，以便人为授予特定植株的花粉。

豌豆的另一个优点是，纯系的豌豆植株的种子有“圆粒”和“皱粒”的区别，另外植株的“高”和“矮”等这类外表上的对立也是显而易见的。其中对茎叶间隔的高矮进行了指标设定，避免含糊的指标的出现。

孟德尔以此购入了34个品种的豌豆，其中有22个品种有明显的相对性状，又将这中间的7个品种进行了杂交实验。

创立了遗传学的孟德尔

孟德尔将这7个品种进行杂交，再培育得出杂交品种，之后再进行杂交，以上实验持续了8年以上的时间。在这期间，他栽培的豌豆超过了数万株。能长期进行严密性极高的实验研究，是孟德尔值得被赞颂的品德之一。

那么，在研究成果之中，最精彩的部分是什么呢？孟德尔将种子的圆粒和皱粒作为相对性状，假设有控制遗传的“要素（之后被命名为基因）”，想出以A对a，B对b这种简单的记号进行标注的方法。用公式和记号来表现生物现象，这是孟德尔大学时受物理学专业的影响。孟德尔进行了跨领域的研究，创立了遗传学这门新的学科，获得了极高的评价。

孟德尔将实验的结果总结出以下3点：

①种子的圆粒和皱粒这一相对性状是受一对相对的基因A和a决定的。

②个体的基因是成对出现的。举个例子，圆润的种子的话是AA。

③成对的基因在形成配子时彼此分开，随机分别进入一个配子中。

孟德尔的分离定律

在此之前，人们认为遗传就像绘画颜料一样混在一起，一般认为一旦混杂在一起的话就无法分离了。但是，孟德尔认为“遗传基因不是液体状而是粒子状态的，就算因为受精混在一起，之后也会发生分离”。

第三条实验结果的内容就被称为“**孟德尔分离定律**”。孟德尔的定律，以前是收录在日本高中的生物教科书中的，最近已经是初中的课程知识点了。到此，我们已经学习了孟德尔的“**显性定律**”“**分离定律**”“**自由组合定律**”这三大定律，但是高中里只教修订过的分离定律，理由是显性定律和自由组合定律都有各种各样的例外，所以不能被称为定律。

●对遗传的思考

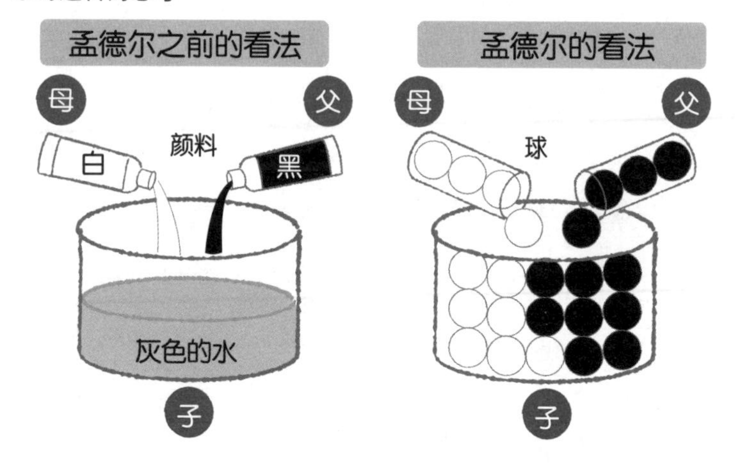

02 加深对DNA理解的“中心法则”

中心法则

从DNA到蛋白质的合成过程是单向的，不能逆流。这是生物一般的原理，故此得名。

60年前连DNA的形状都不知晓

构成我们身体的细胞每一个都含有DNA（脱氧核糖核酸）。两条长长的锁链状分子，呈螺旋状并缠绕在一起的构造。如果将人体内细胞含有的DNA拉直伸长的话，大约有2米长，比自己的身高还要高。

“DNA是双螺旋状”，我们现在理所当然会这么说，不过60年前没人知道DNA是以何种状态存在的。当时，关于DNA，只知道以下3点。

①遗传物质的本体是蛋白质，但和DNA一定有关。

②DNA里有非常长的链状分子，这种链（也就是每一个环的部分）由磷酸、糖和碱基三个部件构成的核苷酸为基本单位。DNA的磷酸和糖是共通的构造，碱基的存在分4类，分别是腺嘌呤（A）、胸腺嘧啶（T）、鸟嘌呤（G）、胞嘧啶（C）。

③DNA链是A、T、G、C四种碱基随机排列而成的。

DNA的双螺旋结构是由詹姆斯·沃森（1928— ）及弗朗西斯·克里克（1916—2004）发现的，这是众所周知的事情。因为这个重大的发现，沃森和克里克被授予了1962年的诺贝尔生理学或医学奖。但双螺旋结构的发现涉及复杂的人际关系和研究环境，事实上是不为大众所知的事情。

沃森和克里克没有做过实验

“DNA是双螺旋结构的！”这一发现最早刊登于1953年的《自然》期刊。让我们回到过去看看当时的情况吧。

沃森可以被称为这个发现的核心人物，于1980年获得了动物学的博士学位之后，这位年轻研究者的心中就燃起了要取得一个伟大研究成果的烈火。在当时兴起着一种用X射线结晶构造解析蛋白质分子构造的研究。这种方法又被称为**X射线衍射法**，就是将构造不明的结晶用X射线进行照射，之后就会获得规则的衍射图形，再用这种图形来解释结晶的构造。

但这是物理学的研究领域，对专攻动物学研究的沃森来说专业并不匹配。因此，他邀请了当时刚刚步入大学，专攻物理学的克里克来进行实验研究。对于新手的二人来说，用X射线照射DNA，再研究衍射后的图案谈何容易。

不过在志趣相投的友人维鲁金斯的实验室里，有一位X射线结晶构造解析专家，女学者罗莎琳德 ·富兰克林（1920—1958）。沃森在造访维鲁金斯的实验室时，维鲁金斯从罗莎琳德的办公桌上拿起一张照片。

“你要不要看看，这是罗莎琳德实验结果的照片。”

沃森和克里克在看到DNA的X射线结晶衍射照片后，对DNA的构造就有了灵感。4种碱基两两成对组成链，由此就能描绘出2条DNA组成一对链状螺旋的构造。

以此结果为基础，他们迅速完成了论文，并在1953年将发现DNA双螺旋的3篇论文同时发表在了《自然》期刊上。这是沃森、克里克、维鲁金斯和富兰克林的论文。在这4位中，只有罗莎琳德女士没有获得诺贝尔奖。这是因为她在实验时过度暴露于X射线中，导致她罹患癌症，在等待诺贝尔评奖（1962年）之前就离世了。

沃森和克里克真正的功绩

看了他人的实验结果，凭着灵光一现写下自己的论文，这也让沃森和克里克受到了一些批判。但是，除了正确地预测了DNA的构造之外，他们的功绩还包括以DNA为基础，推测出了生命的基础。

例如，DNA是如何被正确复制并准确地以亲代传递给子代的，DNA是怎样被翻译成蛋白质并形成我们的血和肉的……他们为这些问题提出了一个模型。他们提出的模型，也被后来的研究者证实了。

前面我们提到，DNA是由4种碱基构成的。双螺旋内侧的A和T，C和G是以氢键的方式成对结合的。DNA复制的时候，是将氢键破坏，将这条链拆开。每条链与新链匹配构成双螺旋，A和T，C和G的配对就是正确复制的保证，依照这个过程，有着完全相同碱基顺序的两条双螺旋DNA就形成了。新的双螺旋中，有一条链是旧的，另一条链是新形成的，这种方式被命名为**半保留复制**。

一方面，与DNA的复制机制不同，复印机复制文章，可以得出一份全新的复印件，这被称为**全保留复制**。不停地重复复制复制复制……在这个过程中，文字会逐渐地变模糊，直至不可见。也就是说，全保留复制在无数次往复之中，容易发生错误。

另一方面，半保留复制时，一定有一半是原来的，这样就不容易发生错误了。得益于此，DNA才能永远地被子孙继承下去。DNA的双螺旋结构和半保留复制机制，使多数研究者确信DNA才是遗传情报的根本。

●DNA 的半保留复制机制

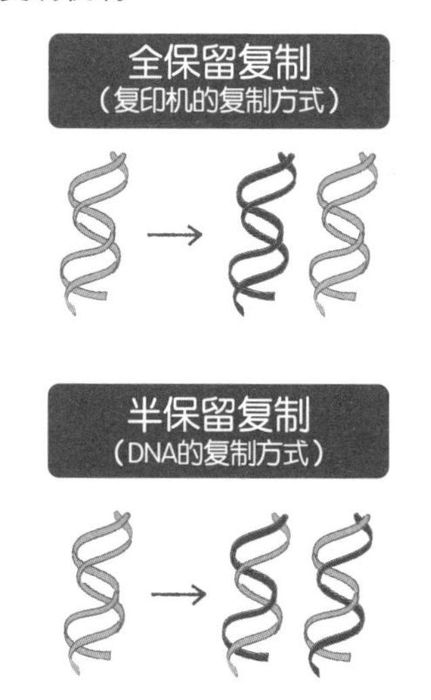

在这之后，克里克提出了中心法则，这个法则指出，

DNA是生命的设计图，是蛋白质的本源。这对人们理解生命的形成起到了很大的帮助。

即使沃森和克里克的确夺取了罗莎琳德的功绩，但是他们提出的模型极大地指导了后世分子生物学的发展。种种成果，也不应该被忽视。

03 牵牛花通过“光敏色素”来感知开花期

光敏色素

红光受体。根据红光和远红光，可以进行可逆转化，接收并传递环境变化信号，是季节、时刻和场所之类的情报源。

牵牛花能通过“夜晚的长度”来预测开花期

我想很多人曾以记录牵牛花的观察日记作为暑假作业。为什么牵牛花总是能在暑假刚开始的时候开始绽放呢？ 这是因为牵牛花可以根据“夜的长度”操控花芽的形成。实际上，牵牛花是一种只有夜晚超过一定时长才会生成花芽的“**短日植物**”。暑假是夜晚最短的时候。正确来说，一年中夜晚最短的时候并不是8月，而是夏至的6月，在这之后夜晚逐渐变长。

牵牛花会在暗期超过8～9个小时的时候开始生成花芽。夏至时，日落开始到日出为止已经超过9个小时了，这通常就是开花的季节了。

但是，即使日落后实际上也还是微亮的状态，植物也还没进入暗期的感光状态。在日落过了一段时间后，牵牛花才能感知到“夜”的黑暗。这和人类的感知有些许区别。

还有一点，诱导花芽产生需要足够高的气温。气温保持在一定高度以后，再保证黑暗的时间足够长，就会诱导花芽的形成。这样持续几周，花就开了。

那么，花芽在夜晚变长时开始形成，这对植物来说意

●牵牛花的花苞形成

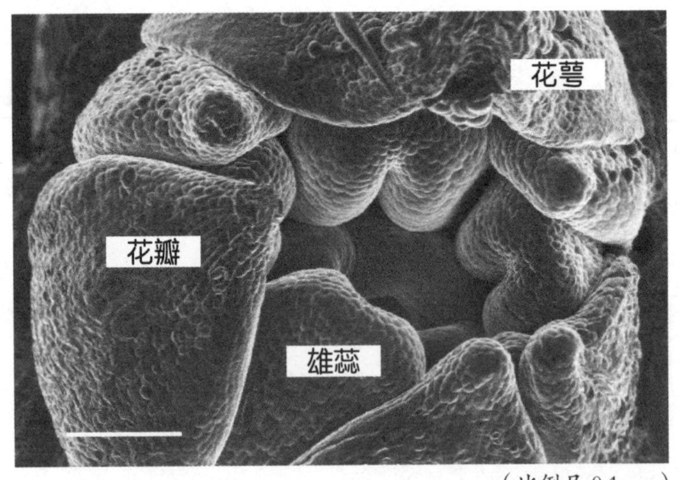

（比例尺 0.1mm）

用一次短日处理诱导出花苞。雌蕊会从中间的孔中形成。

●萝卜苗的发芽

（比例尺 1cm）

左边是明暗周期变化下的状态，右边是黑暗中已经发芽的状态。

味着什么呢？植物根据“夜的长度”来感知季节。在暑假时开花的牵牛花就能在寒冬来临前完成种子的生成。如果开花的时间被推迟，那冬天就会在种子生成前来临，就无法留下后代。因此，植物能利用“光敏色素”来接收红光，以此来测算昼的长度和夜的长度。

光的信息的细微变化

植物生长的全过程都要灵活应用光照中传达的信息。

光就像彩虹看上去的那样，可以根据波长的不同分成很多种颜色。同样是太阳光，波长的组合从日出到正午，再到黄昏，都是在时刻发生变化的。再者，云和植物的阴影都会使波长产生变化。此外，光的强弱也会变化，照射的方向也会变化。

重力在地球上方向和大小始终都是相同的，光比起重力更加复杂，而且还含有细微的信息。植物能利用“光中含有的微妙变化的信息”来感知自己所处的环境。

用红光控制植物

20世纪前半叶，用红光可以控制植物的现象被相继发现。控制开花的光的周期性、叶子的休眠运动、生菜的种子发芽、豌豆芽的生长和变绿等，如果将光像彩虹一样划分开来，对这些现象最重要的还是红光。此外，红光的效果能被远红光抵消的性质也很明显。

当植物变绿的时候，会生成叶绿体。在叶绿体中，绿色的是类囊体膜。叶绿体的前质体是黄白色的黄化质体，在没有光的状态下，黄化质体中会积累原片层体（层状小泡），这是形成类囊体膜的材料，当被光照射到后，那里

●豌豆叶叶绿体的形成

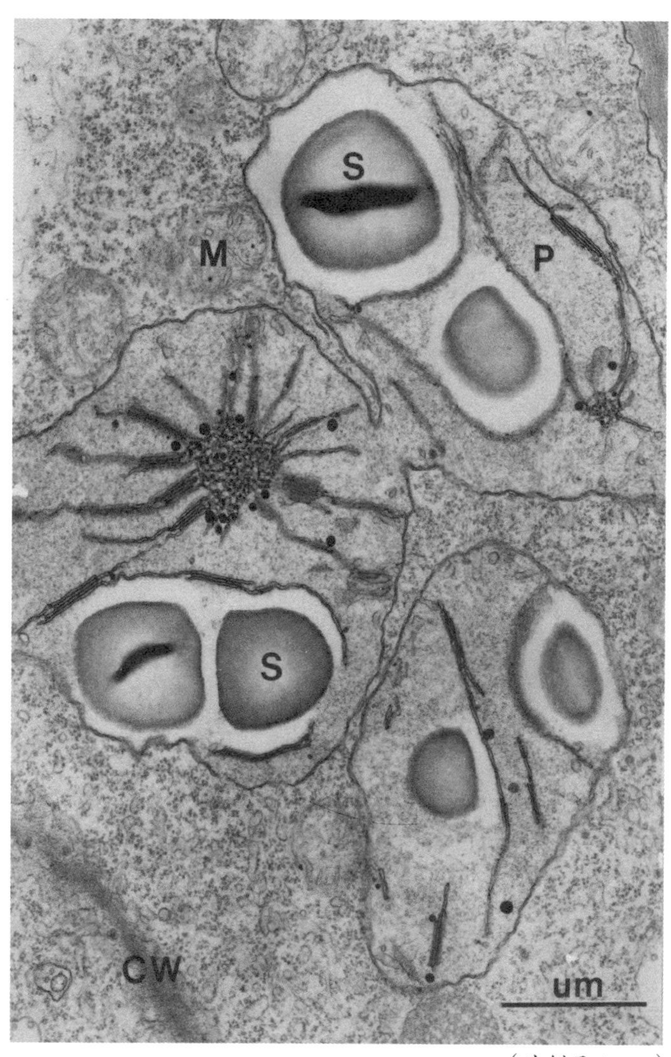

（比例尺 1μm）

从暗期转到明期，叶绿体里的类囊体膜会急速发育变成绿色。从原片层体变成绿色的类囊体膜。M：线粒体、P：质体、S：淀粉粒、CW：细胞壁。

会源源不断地产生含有叶绿素的绿色类囊体膜。

在这个过程中用到的是600nm波长的红光，虽然被称作红光，但实际上是接近橙色的红，730nm波长的远红光才是深红色的。与无法看见的红外线的波长相近，是勉强能看到的可视光。在生菜的发芽实验中，用红光照射的话就能诱导它发芽，接着用远红光照射就能抑制发芽，再接着用红光照射的话又会恢复发芽的状态，光就像“on/off”的开关一样。

基于各类实验结果，20世纪50年代在美国植物学者和物理化学学者的研究下，关于红光接收器方面，确立了几种假说。有假说认为，有一种色系受红光照射会产生变化，变为可以对远红光作出反应的构造，这种构造的变化是可逆的，这在当时是非常新颖的假说，并被后来的所有实验证明，由此提炼出的红光接收器被命名为“光敏色素”。

并不是有光就一定能发芽

种子有两种类型，一种是没有光就不能发芽的“**需光发芽种子**”，另一种则是有光就不能发芽的“**需暗发芽种**

子（厌光性种子）”。

在试验盆里进行播种，给予种子充足的水分，温度也刚好却未能发芽的原因多是光的条件不适当。种植番茄、丹参、勿忘我这类种子时，除非埋深一点，否则很难发芽。播种后，在种子发芽前用报纸盖在花盆上也是一种常见的做法，报纸拿开前萌芽就已经茁壮成长了。

●红光 (R) 和远红光 (FR) 条件下生长的区别

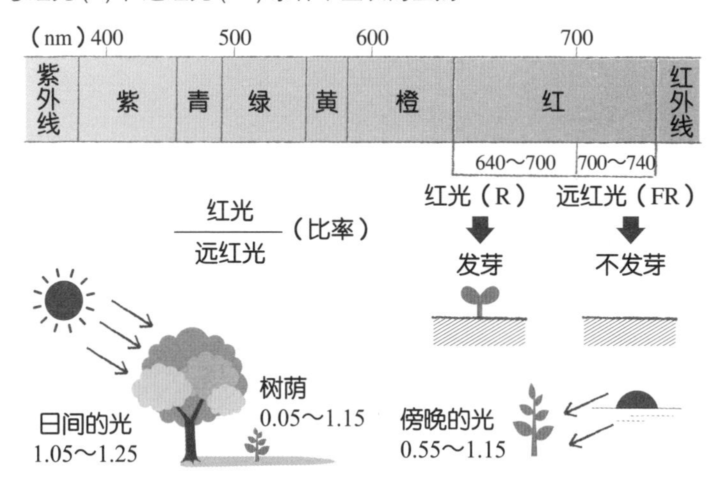

相反，没有光照就无法发芽的种子（需光发芽种子），常见的如生菜和烟草种子。种子会为发芽后见到光之前这段时间积蓄养分，较小的种子储藏的养分有限，所以要预先确认好有十足的光亮后才会发芽。光发芽种子的发芽，黑暗中成长的萌芽，这些都是由光敏色素控制的。

现实中我们所感受到的光照是包含了各种各样波长光的集合。红光和远红光也都包含在其中，植物能感知这其中他们的比例变化，通过这个来判断自身所处的环境。

正午时红光在太阳光中的比例变大，在其他植物的阴影下，远红光比红光占比更高。这种状况被光敏色素感知到后，植物为了能探出阴影之外，就会挺直自己来变高。

植物虽然无法独立活动，但在感知到环境的情报后，会全力以赴地朝着适合环境的方向努力生长改变。

04 被忽视了100年的“蓝光受体”

蓝光受体

“隐花色素”被发现与茎的伸长成长、花苞的形成和昼夜规律有关。“向光素”与植物向光性、气孔闭开和叶绿体的移动有关。

感知蓝光的“受体”被忽视了

植物没有眼睛，但它们却能感知光，并分辨出构成光的各种颜色。那它们又是怎么获取光和颜色，知晓自己身处何处，现在是一日中的何时，季节是夏天还是秋天，以及判断自己该在什么时期开花的呢？

说到能控制植物生长的光，最为人所熟知的就是前文所述的红光，作为红光/远红光的接收器，光敏色素在20世纪前半叶被发现，对它的研究也持续至今，并取得了一些新的见解。

此外，植物可以区分出光里的蓝光，这点在19世纪末查尔斯 ·达尔文和他的儿子佛朗西斯·达尔文合著的《植物运动的力量》一书中就已有记述。达尔文因其著作《进化论》而出名，晚年和儿子一起将主要精力都投入对植物的观察中了。20世纪末直至21世纪流行的用现代科学的手法观察研究植物的生理现象，如向光性、向重力性等，都是由达尔文父子对植物的观察研究带动的。

不仅仅是陆地上的植物，藻类、菌类和细菌都对蓝光有所反应，但是，感知蓝光的关键“**蓝光受体**”在植物上却并没有被发现，因此新建了“**隐花色素**”这个绰号来指代“隐藏着的色素”这一物质。

模式植物拟南芥的人气

不过，在20世纪的末尾时，人们终于发现了蓝光受体。当时，拟南芥被作为模式植物广泛用于植物研究中。

顺便提一下，用拟南芥作为模式植物的理由是它属于十字花科，是一种小杂草，植物内的染色体数量少，从发芽到种子形成的过程周期短，在进行植物遗传基因的实验中操作相对简单。因为这些种特征，才用它制作变异体。

●拟南芥的花蕾

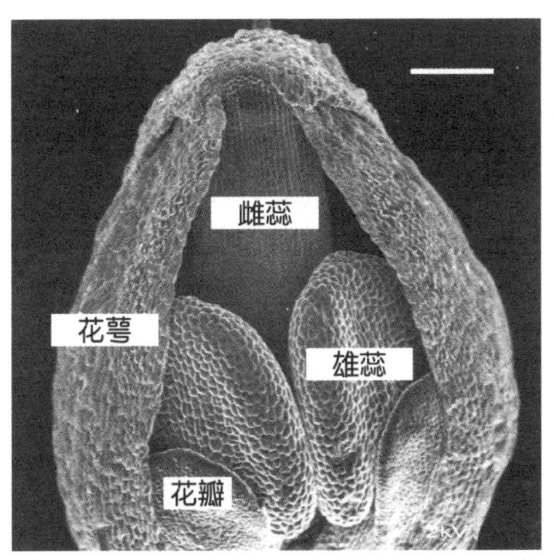

（比例尺 0.1mm）

种子发芽三周后开始形成花蕾。

用这种小杂草一样的拟南芥来做实验是相当有预见性的，荷兰人是开创这一做法的研究者。20世纪80年代，我在美国当研究生，当时正是分子生物学研究手法的扩大普及时期。每周都会固定地开展一次研讨会，还记得来自荷兰的研究者会热切地讲述用拟南芥作为研究材料是多么有效。在之后的1991年于亚利桑那州召开的国际植物分子生物学会上，半数以上的海报展示研究都采用了拟南芥作为研究对象。

● 模式植物：拟南芥

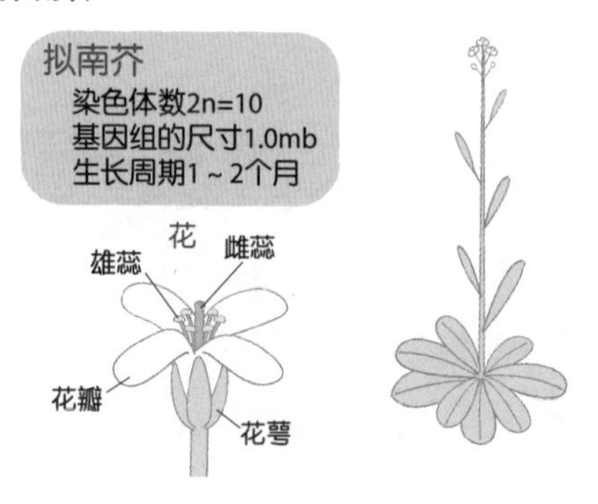

“隐花色素”的发现

将拟南芥隔离变异后的变异体中，有一种称为“hy-4”，对红光能正常做出反应，对蓝光无反应。通常，种子发芽开始的萌芽期都是在黑暗中逐渐生长的。接触到光后抑制茎的生长，子叶变绿伸展，开始进行光合作用。已知红光和蓝光是控制茎生长的两个要素，因此选择了接触蓝光后不产生反应，茎的生长仍可持续的变异体。这样在调查了变异体有缺陷的遗传基因后，就了解制造蓝光受体基因的存在了。蓝光受体被发现后就沿用当时的简称“隐花色素（cry）”来命名了。隐花色素不仅控制着胚轴的伸长，还关系着花芽的形成。这两种都是与红光接收器光敏色素有关的现象。

●蓝光与胚轴伸长的关系

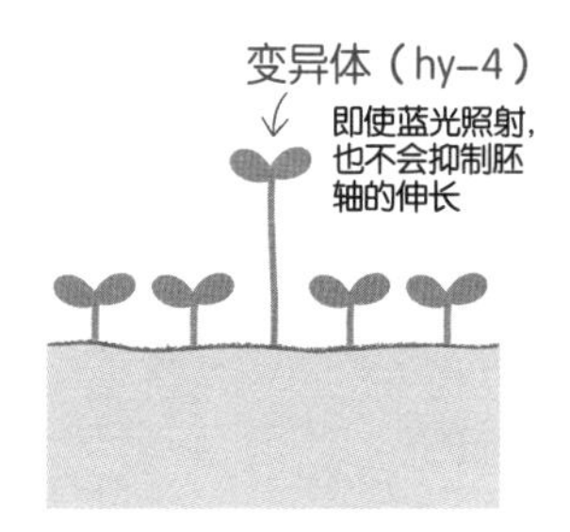

另一个蓝光受体向光素

20世纪后半叶，植物学领域有了重大发现，那就是找出隐藏了100年以上的物质。这在科学史上是司空见惯的事情，但它并不像最初人们预想的那么简单。

被发现的隐花色素有两种（cry1、cry2），但这并不能解释所有对蓝光反应的现象。特别是向光性，它是植物对蓝光产生反应而造成的现象，但隐花色素并不是造成这种现象的原因。向光性就是指植物向着光的方向弯曲的现象。窗边植物的茎会朝着明亮的方向弯曲，我想大家一定都观察到过这样的现象吧。

对有关向光性的蓝光受体的探索研究持续到了隐花色素发现（1993年）后的数年，研究者们终于发现了另一种蓝光受体，这也是用拟南芥的变异体研究取得的。这个蓝光受体选

●没有蓝光就不会弯曲

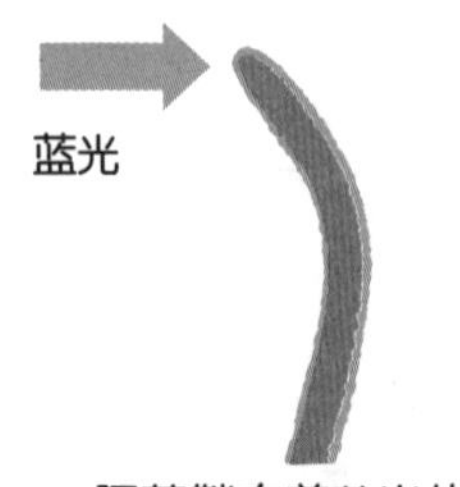

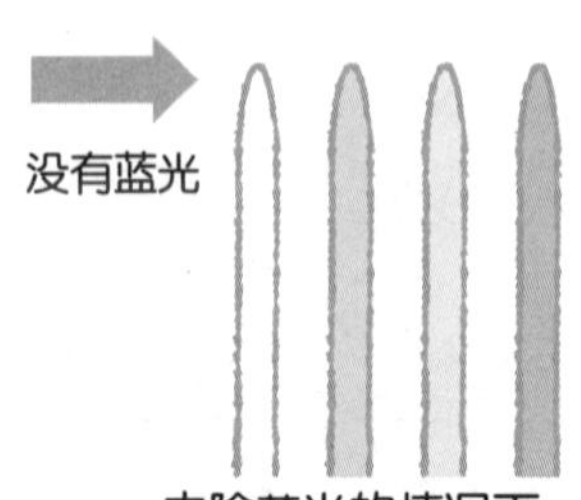

用了带有向光性意思的词语，命名为光受体（phot）。光受体也有两种，协同配合控制着植物的向光性。

日本也进行着对蓝光受体的研究，发现了光受体这种控制细胞内叶绿体生长的蓝光受体。20世纪末，植物科学领域不断有令人兴奋的成果被发现。

就像发现隐花色素能够调节昼夜节律（生理节奏）一样，在之后的研究中发现，人和动物身体中也存在这类物质。现在，利用隐花色素的作用，对失眠症和糖尿病进行治疗，或抑制时差反应等专项研究正在盛行。

●叶绿体根据蓝光运动

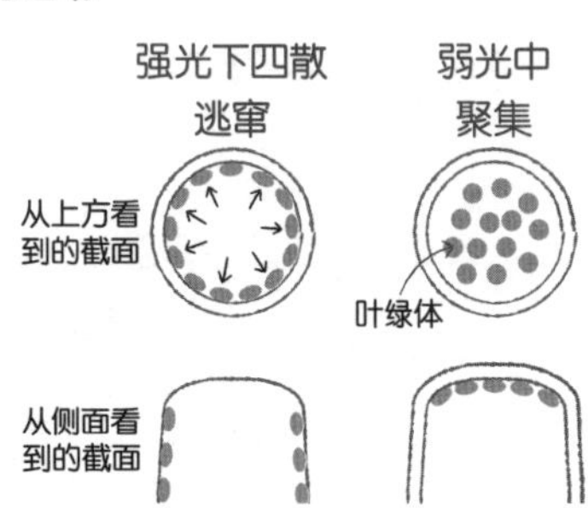

证明诗人歌德“花是叶的变形”观点的“ABC模型”

ABC 模型

花的各个器官形成是由称作 ABC 三个等级的遗传基因组合决定的。ABC 都不发挥作用的话就会形成叶子。

根和茎是由两种植物激素的比率决定的

“花是由叶子变形而来的”，最初提出这一观点的人是德国文豪歌德。歌德不仅仅是个诗人，他在植物研究上也花费了大量的时间，著有《植物变形记》。至此约200年后，研究者们根据拟南芥变异体的研究，由遗传基因的作用解释了“花是由叶进化而来的”这一观点。

而我的研究生活，是在可以被称作植物组织培养发源地的日本实验室开始的，我参与研究了各种各样的培养体系，其中之一就是烟草花柄的培养体系。

烟草在如今不是那么受欢迎的植物，可是在20世纪的时候，它是主要的农产品之一，对烟草的研究在世界范围内也是相当盛行的。

为了培育烟草组织，研究人员开发了一款相当优秀的**MS培养基**（M是Murashige、S是Skoog的简称），到现在为止许多植物的“**组织培养**”都还在采用这款培养基。

将烟草的茎进行灭菌处理后横向切片，再用植物生长素（促进植物的生长）和细胞分裂素（诱导细胞分裂）等各种浓度的植物激素（也可以用人工合成的植物生长调节剂）组合调配制成的MS培养基培育，就会从组织的断面、表面形成叶和根。根据生长素和细胞分裂素的比例不同，可以控制根和茎叶的形成。

未分化的细胞“愈伤组织”

根据生长素的浓度不同，可以生成没有茎细胞也没有根细胞的未分化细胞集团，这些细胞被称作“**愈伤组织**”。

多数未分化的愈伤组织细胞近乎球形。细胞分化时，细胞的形状会受到控制。愈伤组织在合适的植物激素配比的培养基中，可以形成根或者叶。根在形成的时候，先会形成维管束和根毛。叶在分化的时候，先生成表皮，然后在此形成茎顶的分生组织，再分化出叶原基。

花芽分化时的样子

将开花时烟草的茎和花柄部分圆形横切培养，组织的表面会形成花芽，之后长出花蕾。因为组织片会形成很多

●烟草的物质培养

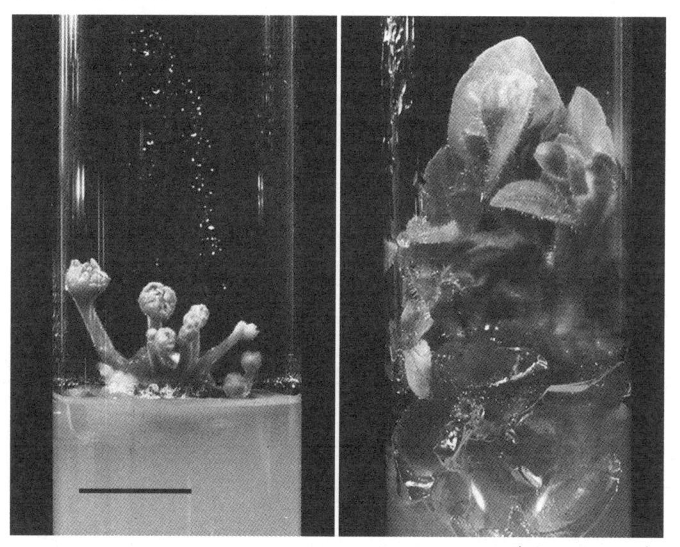

（比例尺 1cm）

用含有适量植物激素的培养基进行培育，叶从茎的切片中形成（右），花芽从花柄的切片中形成（左）。

花芽，所以这个过程非常容易观察。组成叶的物质（顶端分生组织）呈圆顶状，花芽形成时圆顶会变平变宽，上方会从外侧开始形成同心圆状的突起。

烟草首先形成花萼的原基，再是花瓣的原基，然后是雄蕊的原基……按照这个顺序，每一个都是由5个原基按圆形排列形成，再分化为各个器官。

雌蕊的原基最后形成，起初是形成一个凹陷的形状，凹陷的边缘发育形成雌蕊的形状。最先形成的凹陷部分会发育成子房，是将来受精卵发育成种子的重要位置。

用花朵各个器官的形成来说明“ABC模型”

将烟草的花柄组织培育形成花蕾，再将花蕾的花柄圆形切片后进行继代培养。就这样，通过一年以上的培育，就可以形成一朵“不算完全成型”的花。

花是由花萼、花瓣、雄蕊、雌蕊组成的，不过仅由花萼和雌蕊组成的花芽数量正在增加。这种现象是相当不可思议的，这个谜团在1991年被科恩和迈耶罗维茨发表的“ABC模型”解答了，二人根据控制花各个器官形成的构造，得出“ABC模型”，让人读了不禁发出“噢，原来是这样啊”的感叹。科恩博士用金鱼草，迈耶罗维茨博士则用拟南芥，二人分别进行自己的研究，但是却在几乎同时期得出了同样的模型。在1991年的国际学会上，科恩博士以漂亮的彩色铅笔素描为基础制作幻灯片，然后再以平静的语气娓娓道来，而精力充沛的迈耶罗维茨博士则侃侃而谈，两人鲜明的个性令人印象深刻。

●花芽的继代培养

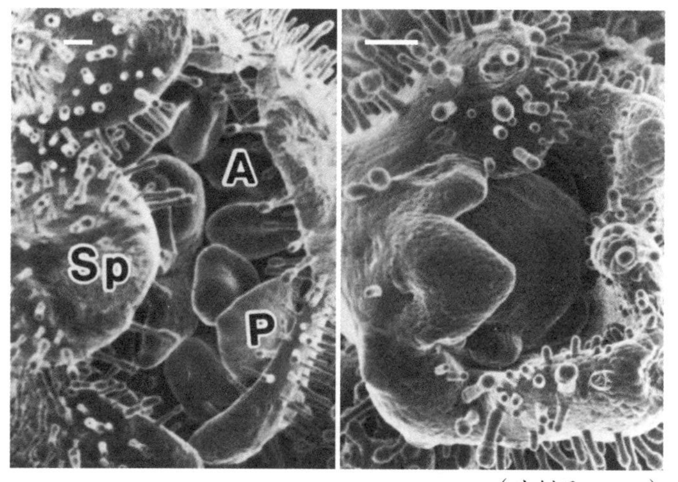

（比例尺 0.1cm）

将通过组织培养形成的花柄切片后再次培育形成花芽的样子。右边是花萼和花瓣原基形成状态。左边是雄蕊和雌蕊形成状态。SP: 花萼、P：花瓣、A: 花药。

由于20世纪末以拟南芥为模式植物的研究盛行，对花各个器官呈现异常的变异体植株的解析也在逐步进行。比如只会产生雄蕊的“超人（Superman）”，全部都是叶子的“茂叶（Leafy）”，这些依据外形的命名给人以深刻的印象。

经过这些研究，ABC模型得以建立。发现通过三个不同种类（A～C）遗传基因的排列组合可以控制花的各个器官的生成。

- A类基因单独表达……形成“花萼”
- A类基因与B类基因共同表达……形成“花瓣”
- B类基因与C类基因共同表达……形成“雄蕊”
- C类基因单独表达……形成“雌蕊”

●用 ABC 模型图来理解如何控制植物器官

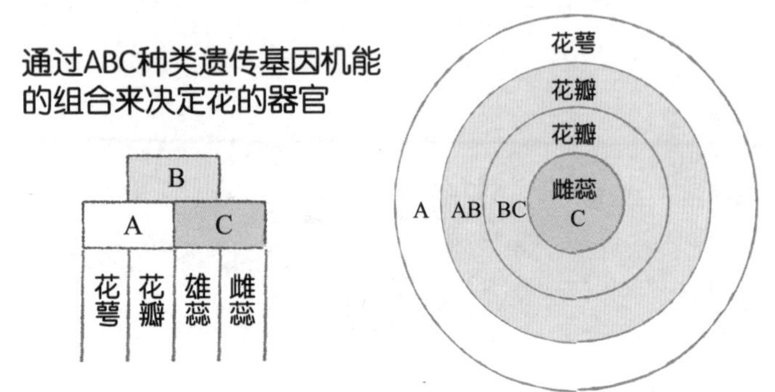

由此可见，花瓣和雄蕊的形成都与种类B的遗传基因有关。也就是说，如果种类B的遗传基因发生变异，花瓣和雄蕊在生成时也会同时发生异常。

诱导花芽的植物激素“成花素”

在20世纪30年代提出了一种预想——存在一种激素会使花朵开放，这种激素被命名为“成花素”。例如，牵牛花在黑暗中待了特定时间以上就会形成花芽，但是感知光周期的部分存在于叶子上，于是人们就推测在叶子和形成花芽的部位之间，存在一种可移动的传达物质——成花素。

于是，在大约70年后的1999年，京都大学的荒木崇教授找到了能够产生被认为是成花素的FT蛋白的基因。之后在拟南芥中发现，FT蛋白在叶中合成后，通过筛管被运输到茎顶端的分生组织，影响着与诱导花芽形成有关基因的表达，FT蛋白质是诱导稻子形成花芽的成花素也被证实。成花素的工作原理的研究直到现在还在持续进行着。

在光照周期和气候条件下，能自由控制水稻之类作物的开花时间就能确保充足的果实结果时间。也许在不久的未来，“成花素”大显身手也指日可待。

06 海胆的“调节卵”是生物学发展的贡献者

调节卵

如海胆和人的胚胎初期，即使失去一部分的细胞，剩下的细胞也能通过调节，产出一个完整个体的卵。

不分前后的“棘皮动物”

去海岸边上翻一下石头，经常能找到海胆和海星。如果运气好的话，说不定还能找到海参和海蛇尾。

它们的形状都十分独特，被称为“五辐射对称”结构，形状呈五角形。海胆的外形常会被当作球形，但是仔细观察其外壳的白色骨头的话，会发现也是五角形的。

自然界中经常被观察到的动物，多数都是有头尾（或者说是屁股）这种“前后”之分，但是也存在海胆、海星这种不分前后的动物群属，它们被称为“棘皮动物”，不仅外表独特，内部也与众不同。它们将海水吸入体内，再通过水压拉伸足部来行走和猎取食物。这种结构被称为水管系统，但是只能通过海水来发挥机能，所以棘皮动物无法在海水以外的地方栖息。

另外，棘皮动物虽然有着独特的身体构造，但让人意外的是，在无脊椎动物中它与我们人类是最相近的。

●同属棘皮动物的伙伴

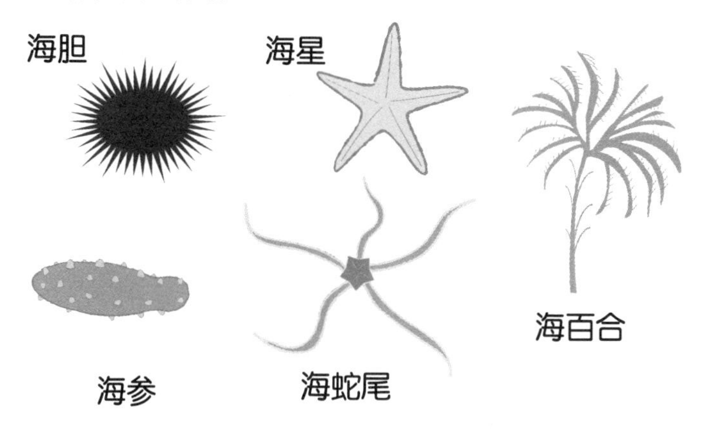

海胆被记载在日本教科书中的两个理由

海胆和青蛙是我们非常熟悉的动物，被并列载入日本高中教科书中，作为生长发育的教学案例。最近，日本高中理科教科书中讲到细胞分裂，收录的也是海胆卵分裂成两个细胞的样子。

为什么海胆在日本教科书中常常被提起呢？这是因为，海胆的卵子和精子提取相对简单，可以人为完成人工授精。因为哺乳动物采取的是体内受精的方式，所以将卵从体内排出，是一件非常困难的事。其实体外受精的动物，它们的卵和精子也不是简简单单就能产出的，即使解剖后从体内取出的卵和精子也不能保证都是成熟的。本来受精就是关乎子孙存留的重大事件，所以动物的生殖活动都是不希望被其他动物知晓的。

然而，作为例外，海胆的受精却相当开放，从而得以被人类观察。可能是因为一次要生出数百万个卵之多，就不会显得那么小心翼翼了。

海胆被收录在日本初高中教科书还因为，它的胚胎和幼虫是透明的。正因为是透明的，就能在活的状态下用显微镜观察胚胎内部具体发生了什么。

观察发育的过程，会发现起初是细胞不断地分裂，细胞数量不断增加。在此期间形成一层细胞排列。之后，细胞开始动态变化，细胞排列被拉伸和弯曲，细胞开始分化。如果是海胆，一层细胞排列成为像气球一样球形囊胚的一部分，形成一个能将物体吸入内部的管子。这个管子

●海胆细胞排列的立体化

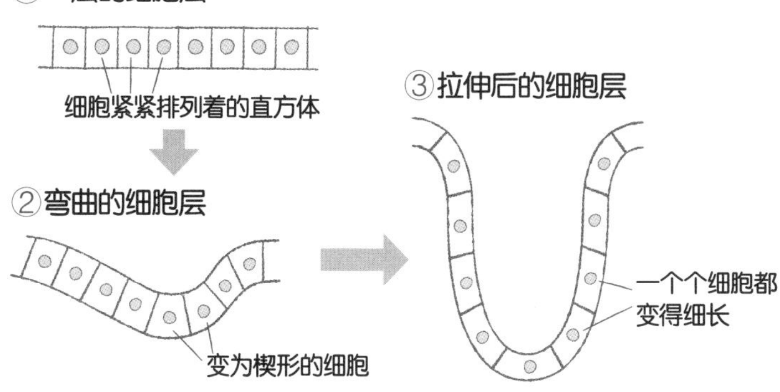

叫作**原肠**，之后就变为消化道。这些细胞的运动也很容易被观察到，这就是它被收录到教科书的原因。

产生同卵双胞胎的原因

因为生育过程能简单地被观察到，所以海胆自古以来就被用于胚胎学的研究。在海胆的研究史中有过很多重大的发现。1891年，汉斯·德里施进行了把海胆的卵分裂的两个细胞分开饲育的实验。之后，两个细胞都发育成了一个完整的海胆。观察发现，初期的细胞还不能确定将来会发育成哪一部分，一旦失去一部分，将会通过自身的调节来弥补失去的部分。

像这样拥有调节能力的卵被称为**调整卵**。不是所有动物的卵都具有调节性，有的受精卵在胚胎初期将细胞分开发育，就会形成不完全的幼虫，这种卵被称为**镶嵌卵**。

人类的受精卵属于调节卵，它相对来讲保存调节性的周期也较长。因为人类的卵子是调节卵，所以才会生出同卵双胞胎。在母亲的子宫中，胚胎受到了某些冲击，从而分裂成了两个部分，又因为人类的卵具有调节性，两方失去的部分都能被补充愈合，于是就发育出了两个完全一样的胎儿。

●同卵双胞胎产生的原因

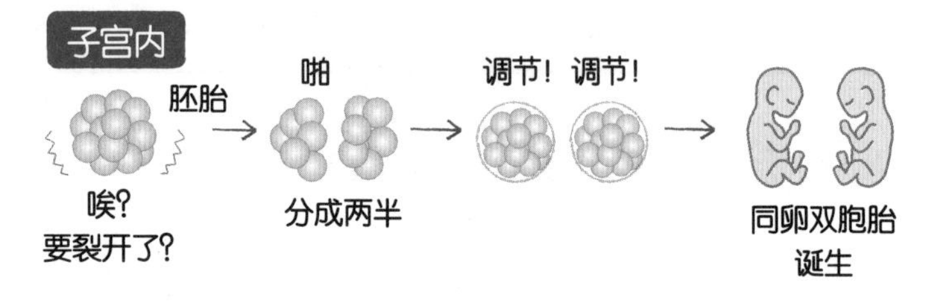

对免疫学发展做出贡献的海星胚胎

不仅是海胆，海星的生育相对易于观察，它们的胚胎和幼虫也是透明的。海星的胚胎，对免疫学的发展做出了巨大的贡献。19世纪后半叶，在免疫学领域，因为科赫和巴斯德制作出了疫苗，人类在与感染病的对抗中才有了有力的武器。

我们血液的血浆（液体成分）中存在着抗体，起着消灭细菌的作用。也就是说，免疫被认为是靠血浆里的成分产生的。于是，血细胞就被当成运送病原菌从而导致感染病扩大的物质。

对此，俄罗斯科学家埃黎耶·梅奇尼科夫提出了异议。他主张细胞是在捕获吞食病原菌，这是生物的防御机制。细胞吞食异物的行为被称作“**吞噬作用**”。梅奇尼科夫在海星的胚胎中插入玫瑰花刺作为异物，进而观察到细胞聚集在异物四周将之包围，至此，“吞噬作用”被发现。

在这之后，梅奇尼科夫、科赫和巴斯德三人和解，提出了在生物的防御机制中，血液细胞和血浆两者都起着重要作用。梅奇尼科夫在1908年因发现了吞噬作用，获得了当年的诺贝尔生理学或医学奖。

海胆和海星，乍一看上去和我们有着完全不同的身体构造，生活方式也大不相同。但是，其透明的身体，易于观察的生育过程，用科学的方法研究这些动物的特征，就能帮助我们学习细胞分裂的样子，理解传染病的原理。

所以，看起来和我们毫无关系的海胆和海星，人类通过对这类动物的身体构造仔细研究后，就会发现其实它们对我们人类也是有很大作用的。

第7章

“生物学”中不为人知的趣事

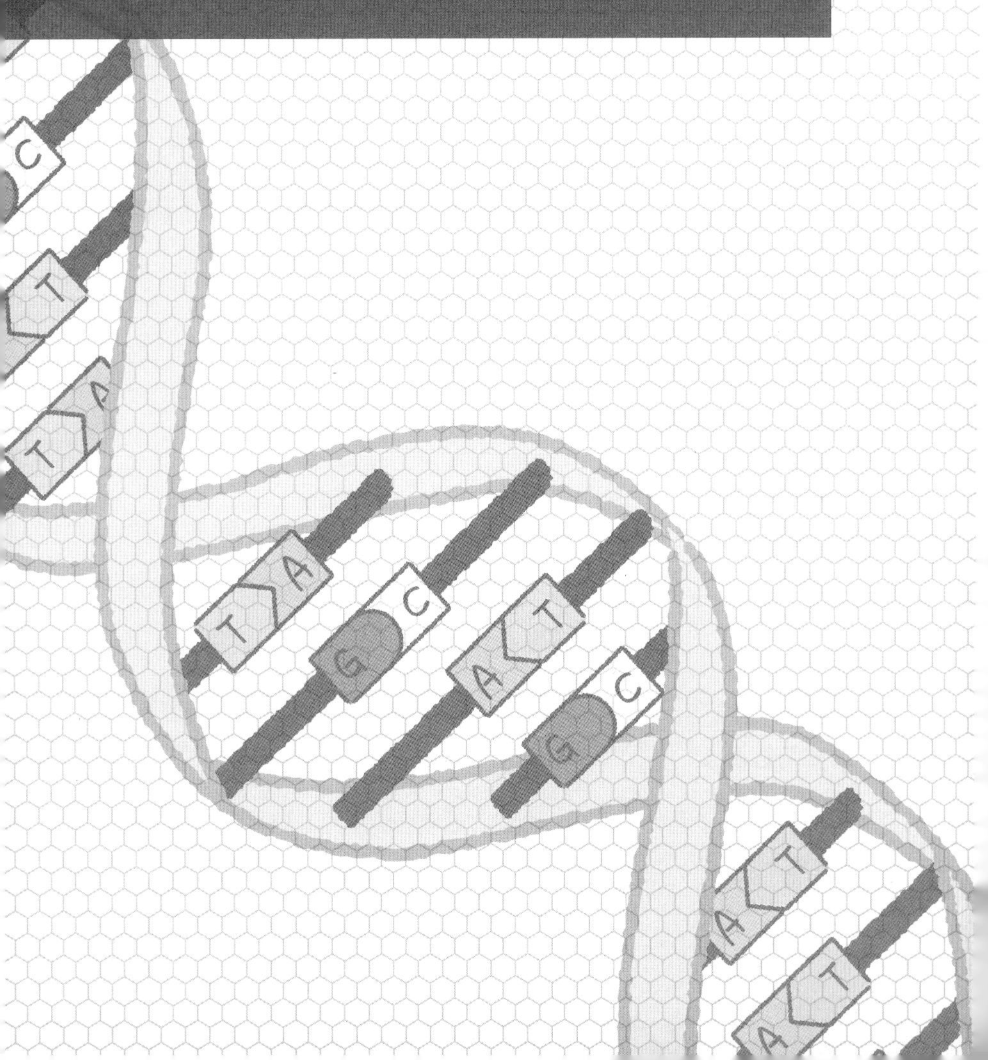

01 从三花猫追溯“克隆”的真相

克隆

即在基因的角度上一致的个体群，但并不等同于像单细胞生物那样的无性繁殖。同时也是指运用近几年的生物技术创造出基因一致的动物这一过程本身。

能够诞生完全复制的人类吗？

1997年在苏格兰的罗斯林研究所内，克隆羊诞生了。最早的“克隆”是自古以来便在农业和园艺中得到应用的“扦插”。在动物方面则是1891年的人工克隆海胆（棘皮动物），接着还有1962年通过核移植克隆成的克隆青蛙（两栖类）。

此后，在身为哺乳动物的克隆羊诞生之后，“下一次克隆的说不定就是人类了”成为了当时新闻热议的话题。

但是真的能够制造和我们完全一致的人类吗？创造出不仅是外表，连性格和智商都完全被复制的人类，这种可能性真的存在吗？

为了打消这个疑问，我们需要理解动物诞生的过程以及可能会让人意外的三花猫。了解了这些说不定就能得到令人信服的答案。

在概率奇迹下诞生的多莉

一般来说，生物只拥有一组遗传信息。换言之，构成我们身体的细胞内的染色体含有的遗传信息来自父母各一份，两份构成了一组。但是也存在着例外，例如形成精子和卵子的细胞虽然有一组完整遗传信息，但是在成熟的过程中发生的减数分裂使得精子和卵子仅有一份遗传信息。然后通过生殖行为双方的精子卵子进行结合后，两份遗传信息再次合为完整的一组。小孩从父亲那遗传一半从母亲那遗传一半，父母二人提供的遗传信息是等量的。

克隆羊多莉的诞生则与这种自然界的规则相违背，通过人为的操作完全地复制了母亲的遗传信息。那么多莉是怎样诞生的呢？人们先将精子和卵子融合，用极细的针将融合为一组的遗传信息取出，然后再将从母亲的乳腺细胞中取出的新的遗传信息移植到细胞内。

这个实验操作是在显微镜下进行的细微操作，因此，200例里仅成功了一例，多莉可以说是在奇迹下诞生的产物了。这次实验的成功也迅速地在全世界传播开来。众多的研究者也都开始着手克隆动物，于是更有效率的克隆动物的方法也开发了出来，同时也开始准备克隆其他的哺乳类动物。

优质牛、宠物的克隆相继失败

在克隆热潮里投入大量精力推进的是家畜与家用宠物的克隆。人们想把通过品种改良孕育出的优质牛利用克隆的方法进行增殖，这样就有可能大量生产肉质良好的肉牛和产乳量多的奶牛。另外，为了迎合那些把宠物视作重要的家庭成员又难以接受宠物死去的人，克隆宠物的风投企业也诞生了。

克隆羊多莉诞生20年后，克隆作为一项优秀的科学技术，并未在我们的生活中普及开来。克隆牛在安全性方面也未得到消费者的认可，因此到现在市场上也没出现过克隆牛。至于克隆宠物，不仅收费极高，甚至还收到了“和原先的宠物不像”的投诉，这也让消费者大失所望。这些风投企业在宠物业上没有取得扩张之后也因此倒闭了。特别是三花猫，克隆之后的三花猫和原先的三花猫可以说是截然不同。

三花猫的克隆与X染色体的非活性化

三花猫有白、黑、茶三种颜色的体毛，因此不存在两只完全相同样貌的三花猫。几乎全部的三花猫都是母猫，产下雄性三花猫的概率是三万分之一。有传言道在江户时代，作为航海守护神的雄性三花猫被人们视作珍宝。以前，在一档叫作《开运鉴定团》的节目上，一只雄性的三花猫登场后竟然被评估出300万日元的高价。

三花猫和人类一样由两种性染色体决定性别，雄性是X染色体和Y染色体，雌性是X染色体和X染色体。决定三花猫毛色是黑色的还是茶色的基因在X染色体上。由于雌性的X染色体有两个，所以就需要让某一边的X染色体上的开关关掉。我们把这种现象称为“X染色体的失活”。

决定哪一边的染色体的开关关上了并不是在受精卵的

阶段发生的，之后随着发育的进行，两条X染色体毛色基因位点呈选择性不表达而表现出镶嵌性的失活。这个失活的机制是随机的，有的细胞是偶然间就把母亲那里的X染色体上的开关打开了，有的细胞是偶然间就把父亲那里的X染色体上的开关打开了。也就是说，即使拥有一样的基因，根据基因的开关是否打开，三花猫的克隆体也会呈现出完全不同的样子。

●即使是克隆也截然不同的三花猫

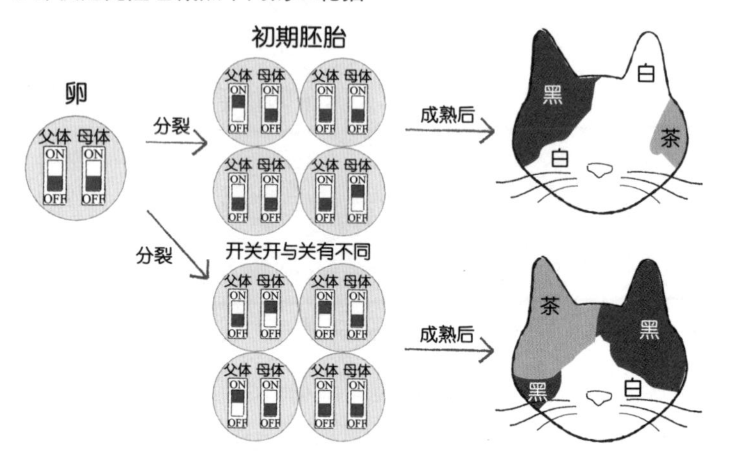

基因的开关是生下来之后才决定的！

仅仅只举了三花猫这一例子，除此之外还有关于遗传信息活性化的各种机制。即使是拥有相同遗传信息的克隆体，每一个基因开关是开着的还是关着的，都不是生下来之前就决定好的。克隆体在各自出生后，在怎样的时代、环境下成长、与什么样的伙伴接触，这些因素都会大幅地改变遗传信息的活性化。

讲到这里，就能够大致地推测出克隆人会是怎样一番情况。也就是，即使克隆人在染色体和遗传信息的框架上是和原先的人完全一致的，在这之后，会成长为怎样的人还是无法预测的。不知各位是否能理解了呢？

想要完全复制一个人的话，就只能造一台时光机然后回到过去把原本的人给替换掉。毕竟不在同一时代、同一环境下是没办法做到的，这就是一个悖论了。

尽管我们对克隆抱有很大的期待，但是实际上这也是一件无法尽善尽美的事情。我们已经知道了就算DNA是相同的但还是“会根据环境而发生变化”。我们不应该抱有“都是DNA决定的”这种想法，我们应该寄希望于此后的生活方式所带来的改变上面。

有人气与没人气——两极分化严重的“活化石”

活化石

经历了漫长的岁月，形态特征却几乎不怎么变化且现在也还存在着的生物。另外也是曾经经历过繁荣，现在却式微了的生物。这是达尔文首创的词语。

“体型大且稀有”成为最吸引人的理由！

生物“体型大”这件事本身，就对大多数人有着强大的吸引力。如果青蛙变成了牛蛙的话，人们一定会大吃一惊，鲸鲨也因其体型之大而成为水族馆的高人气动物。同样的还有，奈良的大佛，台场[1]的等身大的高达，这些事物的高人气都不仅是因为稀有，其体型之大是最大的理

[1] 东京都东南部东京湾中的人工造陆区域。——译者注

由吧。

在动物身上，这些要素也是适用的。自从把活着的大王乌贼的视频搬到电视节目上后，在日本迅速地掀起了大王乌贼热潮。在此之前因“肯定不能吃，吃了也不会好吃”这种理由而被冷落的大王乌贼，现在发现大王乌贼甚至会上新闻。

有时，我自己也会为了研究开着渔船出海去进行深海生物的调查。渔夫把船上的渔网抛下来，就可以采集到水深100~200米的生物了。渔夫的目标是深海的帝王蟹和龙虾，但我的目标是没有商业价值的深海海胆和海百合。当然，大王乌贼和有着“活化石”盛誉的腔棘鱼我是一次也没见到过。

“腔棘鱼”是体长1~2米的大型鱼类。它数量不多且只分布在马达加斯加的周边海域和印度洋的深海里，是即使用潜水艇进行调查也很难遇到的数量稀少的古代鱼。

体型大还很稀少，再加上还是“活化石”，腔棘鱼没道理火不起来。顺便一提，腔棘鱼并不只是物种名，也包含了现存种类和化石种类，是一个统称。

通过化石找到的生物之间的共同点

一般而言，以前的生物变成了化石留存至今的话，基本都会认为这个物种的所有个体都已经死去并成为了化石。但是并不是这么一回事。实际上，动物死后成为化石是不太常有的事。首先动物死后，其身体会迅速地腐烂。所谓腐烂，就是指在微生物的作用下，尸体被分解，最后连骨头都会一并消失。因此，要成为化石就必须要让尸体放置在难以被分解的环境里。

例如，一瞬间就被火山灰给覆盖了，或沉到焦油田的底部，在这样的特别环境里尸体才会变成化石。但是与其说死了之后被埋到这些地方，倒不如说这些动物是在这些地方被活埋了之后死去才变成了化石。化石就是尚未走到生命终点就被活埋了的动物。看着那些化石，眼前就能浮现出这些动物临死前苦苦挣扎的样子。

“动物死后成为化石是不太常有的事”，反过来讲，发现了化石也能成为“曾经这里生活着大量的这样的动物”的证据。腔棘鱼虽然被称作活化石，但是在4亿年前到6500万年前的期间里，有化石表明类似的鱼曾经大量存在着，但是之后个体数量急剧减少，或者可以说是发生了灭绝事件。“大量”是一个要点，当时如果我生活在那里的话，我家小孩估计会说出“炖腔棘鱼我已经吃腻啦”这种话，可以说那时的腔棘鱼就是如此稀疏平常的鱼类。

高人气的腔棘鱼和没人气的肺鱼

腔棘鱼作为“活化石”受到了人们的高度关注与关心，人们还对它的基因组进行了解析，并于2013年完成了全DNA序列解读。根据这项工程，人们弄明白了腔棘鱼有着怎样的基因。另外，将腔棘鱼的基因和蝾螈、青蛙之类的两栖类动物的基因进行比较后，就能期待破解鱼类是如何向着两栖类进化和向陆地进发扩大栖息地的谜题了。

通过基因解读了解到的是，现存的鱼类中，最接近两栖类的鱼并不是腔棘鱼而是肺鱼。肺鱼是分布在美洲、非洲、澳大利亚等地的一种鱼类的统称。这种鱼能够用肺进行呼吸，能在旱季的干涸地块的土中进行休眠，还能够一直活着等待雨季的到来。

肺鱼有肺，鼻子和口腔还借由内鼻孔相连通，这些都和陆地上的脊椎动物相同。另外，肺鱼也留有大量的化石记录，因此也作为“活化石”为人所知。再加上是体长有1~2 米的大型鱼，地球上也仅有6种肺鱼生存着，而且澳大利亚的肺鱼还是濒危物种，所以肺鱼在热带鱼商店里会被标上高价进行交易。

但是同样都是“活化石”，为什么肺鱼的知名度没有腔棘鱼那样高呢？腔棘鱼有而肺鱼没有的魅力点究竟是什么呢?直截了当地说，我认为是因为腔棘鱼是生活在深海里的鱼。不为人知地在深海里一直生存着的某种“奇诡的魅力”是腔棘鱼独有的魅力。实际上被称为“活化石”的生物，除去腔棘鱼和肺鱼以外还有很多，但是其中只有腔棘鱼能够作为代名词占据着不可动摇的地位。不仅动物界存在人气高低，人类社会也是如此。是否有着能够俘获人心的“附加条件”就是拥有高低人气的分界线。

●两个活化石

“优异数据”与孟德尔定律

孟德尔在研究中产生的两个疑惑

孟德尔从豌豆的研究中发现了遗传的定律，并通过论文发表是1866年的事情。不过在当时，这篇来自捷克农村的研究者的论文并没有引起注意。孟德尔的研究被世人所知的是在他去世16年之后，也就是1900年。

而如今，孟德尔的研究结果获得了高度评价。不过，也许你会感到意外的是，这个研究结果或多或少有一些令人疑惑的地方。当然，这个“疑惑”并非2014年成为热门话题的“STAP细胞”那样捏造实验结果的问题。

孟德尔的定律不是虚假的，确实是正确的。但是，孟德尔的研究结果似乎给人“太完美”的疑惑。作为定律完美无瑕有什么错误呢？孟德尔发现了豌豆中能够找出22个等位基因，却是选用其中的7种进行实验。为什么不使用全部的22种等位基因，而是只使用了其中7种呢？

孟德尔发现的独立分配定律，是指“当两对以上的等位基因进入一个配子时，等位基因是独立行动的”。如果两个等位基因在相同染色体上，两个等位因子会共同行动，这个独立分配定律就会因此不成立。孟德尔随机选择的7种等位基因恰好在不同的染色体上，因此得出了独立分配定律。

在孟德尔死后，人们发现豌豆只有7对染色体。7种等位因子是偶然在不同的染色体上，还是为了能够符合孟德尔定律而设计的实验……至今为止，这样的疑问还没有被解开。

而另外一个实验，将纯种圆粒和纯种皱粒豌豆进行杂交的实验非常著名，但这个实验同样也有很多疑点。如果将这两种纯种进行杂交，子一代种子杂合种子全部都是圆粒，下一次再将杂合种子一代进行自交，第二代种子将会在圆粒中重新出现皱粒。如果我们细数种子的数量，圆粒为5474个，皱粒为1850个，比率为74.8%以及25.2%，几乎呈3:1的结果。对于其他的等位基因的实验结果也是3:1。也就是说，孟德尔的实验数据和理论值过于接近，这是一个疑点。

事实上，在实验中即使得出的法则是正确的，但一般来说，实验数据通常会和实际法则有一点点偏差。如果将孟德尔的结果使用统计学的方法来计算，理论值的3:1与实际测定值的“偏差”实在太小了，比发生偶然事件的可能性还小。

优异数据的使用方法

也许孟德尔当时认为无论如何实验数据都要靠近理论结果，所以只使用了对自己研究结果有利的数据。在多项数据中选择最优数据，我们叫作使用“优异数据”。

事实上我们需要注意的是，优异数据并不只使用于科学范畴中。例如，在减肥保健品的广告中写着“1个月就能瘦10公斤”，大概率使用了优异数据。

优异数据确实不是捏造和篡改数据，但是如何使用它，那就要看使用者的“良心”了吧。

| 写在最后 |

我们人类自古以来都在饲养动物，时而进行品种改良，将动物作为家畜加以利用。举例而言，我们知道人类早在1万年前已经将狗当作猎犬饲养。不仅作为家畜，人类因对动物产生单纯的兴趣，从而饲养狗和猫，还对狼等其他动物进行观察和研究。

那么人类什么时候开始将动物从“观察对象”转变为“研究对象”呢？对此，在公元前亚里士多德对动物学有过相关记载，但直到中世纪才成为系统的动物学。因为从那时起人类开始认真观察各类动物的独特外形，并根据他们的形状特征进行分类。

人类被动物形状的奥秘、美丽、独特的移动方式而深深吸引。至今为止，人类对动物的研究方式依旧没有改变。我依旧记得，当我在学生时期从显微镜观察中感受到的动物胚胎及幼虫的魅力。我在学生时期用显微镜观察动物的胚胎和幼体时，深刻地感受到了它们的美和魅力，这也是我开始从事生物学的原因。

动物的趣味和魅力更深一层来考虑的话，如果说“研究动物这件事，到底对我们的生活有什么作用，又有什么贡献呢”，说实话这些研究几乎对我们的生活没有任何直接的作用。

即使如此，当我接到“生活多亏有生物学”这个主旨的策划时，我决定跟这本书的名字一样，撰写关于“生物对人类有用的产品的发明以及对产业有帮助的事情”。换句话来说，也就是动物研究为人类社会带来了哪些正面作用以及贡献。我原本打算单刀直入讲述这个话题，但是却没有想到很好的内容。

现在回想起来，这是“西方科学”的思维，即“大自然是人类的威胁，人类需要克服大自然，支配大自然，从而为人类做出贡献。这才是科学的意义所在”。从这个思维来看，人类需要支配生物，利用生物，从而达到人类的需求。

另外，日本人自古以来有着根深蒂固的“自然崇拜思想”，相信对“八百万的神灵（自然）”不是通过进行支配，而是处于一种“共存”的状态。这样想才会理解“生活多亏有生物（正因为生物我们才能生活）”，这是本该有的一种共生方式。

因此，这本书的主旨不是“将生物机能利用到最大限度”，而是“我们对生物的一些机能进行了利用”，通过这样的思维转换，我发现身边其实有太多东西可以写。是的，我们本身就是与其他动物共存，将它们的能力“加以利用”，才有现在的我们。

例如，在早期撰写的原稿中提到“使用鸡蛋制作疫苗”，这是“借助鸡蛋的力量”；发明绿色荧光蛋白对生物学做出突出贡献的诺贝尔化学奖得主，下村修曾说过“我从水母中学到了很多”。此外，2015年诺贝尔生理学或医学奖得主大村智曾在公开场合谦虚地说道：“（我只不过是）从在土壤中生存的放射菌中借助了力量。”通过用这样“从生物中学习、并加以利用”的思维去思考与生物之间的关系，在撰写本书时，我对“生物对人类有诸多的贡献”这件事有了新的发现和理解。

时至今日，我依然在埼玉大学的食堂一边敲开鸡蛋，一边思考动植物和人类之间共存共荣的关系。如果本书能够为更多人提供对自然界的理解，作为作者而言，这是无上的喜悦。

日比野拓